目の前にある問題はもちろん、

人生の問いや、

社会の課題を自ら見つけ、

挑み続けるために、人は学ぶ。

「学び」で、

少しずつ世界は変えてゆける。

いつでも、どこでも、誰でも、

学ぶことができる世の中へ。

旺文社

共通テスト必出

数学公式 200［数学Ⅰ・A・Ⅱ・B・C］

五訂版

辻 良平・矢部 博　著

旺文社

本書の特長

本書は主として「大学入学共通テスト」の数学を受験するとき，必要となる数学Ⅰ・Aおよび数学Ⅱ・B・Cの公式をまとめたものです．数学は暗記ではなく，理解することが大切であるとよくいわれますが，基本的な公式を暗記しておかなければ，数学の問題は解けません．その意味で数学には，「暗記」の部分も必要なのです．本書をくり返し読んで公式を自分のものとしてください．

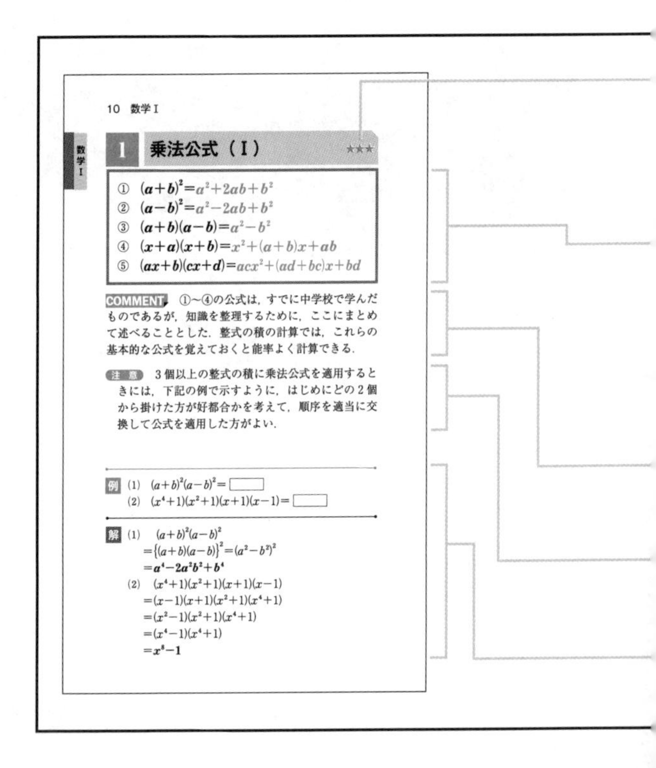

10　数学Ⅰ

数学Ⅰ

1　乗法公式（Ⅰ） ★★★

① $(a+b)^2=a^2+2ab+b^2$
② $(a-b)^2=a^2-2ab+b^2$
③ $(a+b)(a-b)=a^2-b^2$
④ $(x+a)(x+b)=x^2+(a+b)x+ab$
⑤ $(ax+b)(cx+d)=acx^2+(ad+bc)x+bd$

COMMENT　①～④の公式は，すでに中学校で学んだものであるが，知識を整理するために，ここにまとめて述べることとした．整式の積の計算では，これらの基本的な公式を覚えておくと能率よく計算できる．

注意　3個以上の整式の積に乗法公式を適用するときには，下記の例で示すように，はじめにどの2個から掛けた方が好都合かを考えて，順序を適当に交換して公式を適用した方がよい．

例 (1)　$(a+b)^2(a-b)^2=$ □
(2)　$(x^4+1)(x^2+1)(x+1)(x-1)=$ □

解 (1)　$(a+b)^2(a-b)^2$
$=\{(a+b)(a-b)\}^2=(a^2-b^2)^2$
$=a^4-2a^2b^2+b^4$
(2)　$(x^4+1)(x^2+1)(x+1)(x-1)$
$=(x-1)(x+1)(x^2+1)(x^4+1)$
$=(x^2-1)(x^2+1)(x^4+1)$
$=(x^4-1)(x^4+1)$
$=x^8-1$

●著者紹介

辻　良平（つじ　りょうへい）

金沢市に生まれる．東大理学部数学科を卒業，元東京理科大学名誉教授．関数論を専攻，1981年リーマン面の研究で学位を得る．著書に「関数論講義」（理工学社），「応用ベクトル解析」（廣川書店）などの専門書がある．2009年にご逝去．

矢部　博（やべ　ひろし）

東京都に生まれる．東京理科大理学部応用数学科を卒業．現在，東京理科大学教授．最適化理論を専攻，1982年数理計画法の数値解析に関する研究で学位を得る．著書に「現代 数値計算法」（共著，オーム社），「非線形計画法」（共著，朝倉書店），「最適化とその応用」（数理工学社）などの専門書がある．

1. 重要度を星の数で表示しています．★の数が多いほど重要な公式です．ただし，数学Ⅰ・A・Ⅱ・B・Cの範囲を超えるもの，やや程度の高いものについては表示していません．

2. 共通テストで必出の公式・重要事項を，200項目にまとめました．忘れているものや，目新しいものについては，なぜそのような公式が成り立つかも考えるようにしましょう．
　覚えておきたい公式を色刷りで示していますから，公式の再確認に便利です．

3. 紙面の許す範囲で，その公式の証明や覚え方，応用の仕方を詳しく解説しました．

4. 項目に関連する発展的な内容や，間違いやすい点などについて解説しました．

5. 確認問題で公式・重要項目の定着を確実にしてください．

もくじ

数学 I

第1章　数と式

第2章　集合と論理

第3章　2次関数

第4章　図形と計量

第5章　データの分析

数学 A

第1章　場合の数と確率

第2章　図形の性質

数学 II

第1章　方程式・式と証明

第2章　図形と方程式

第3章　三角関数

第4章 指数関数と対数関数

第5章 微分法と積分法

数学 B

第1章　数列

第2章　統計的な推測

数学C

第1章 ベクトル

第2章 平面上の曲線と複素数平面

補充 整数の性質（数学A）

1　乗法公式（Ⅰ）　★★★

① $(a+b)^2=a^2+2ab+b^2$
② $(a-b)^2=a^2-2ab+b^2$
③ $(a+b)(a-b)=a^2-b^2$
④ $(x+a)(x+b)=x^2+(a+b)x+ab$
⑤ $(ax+b)(cx+d)=acx^2+(ad+bc)x+bd$

COMMENT　①～④の公式は，すでに中学校で学んだものであるが，知識を整理するために，ここにまとめて述べることとした．整式の積の計算では，これらの基本的な公式を覚えておくと能率よく計算できる．

注意　3個以上の整式の積に乗法公式を適用するときには，下記の例で示すように，はじめにどの2個から掛けた方が好都合かを考えて，順序を適当に交換して公式を適用した方がよい．

例　(1)　$(a+b)^2(a-b)^2=$ □

(2)　$(x^4+1)(x^2+1)(x+1)(x-1)=$ □

解　(1)　$(a+b)^2(a-b)^2$

$=\{(a+b)(a-b)\}^2=(a^2-b^2)^2$

$=\boldsymbol{a^4-2a^2b^2+b^4}$

(2)　$(x^4+1)(x^2+1)(x+1)(x-1)$

$=(x-1)(x+1)(x^2+1)(x^4+1)$

$=(x^2-1)(x^2+1)(x^4+1)$

$=(x^4-1)(x^4+1)$

$=\boldsymbol{x^8-1}$

2　乗法公式（Ⅱ）　★★

① $(a+b)^3=a^3+3a^2b+3ab^2+b^3$
② $(a-b)^3=a^3-3a^2b+3ab^2-b^3$
③ $(a+b+c)^2=a^2+b^2+c^2+2ab+2bc+2ca$

COMMENT　①，②は数学Ⅱで学ぶ．

1の公式を用いて**2**の公式を導いておこう．

$$(a+b)^3=(a+b)^2(a+b)=(a^2+2ab+b^2)(a+b)$$
$$=a(a^2+2ab+b^2)+b(a^2+2ab+b^2)$$
$$=a^3+3a^2b+3ab^2+b^3$$

ここで，$b\to -b$ と考えれば，②の公式となる．

$$(a+b+c)^2=\{(a+b)+c\}^2$$
$$=(a+b)^2+2(a+b)c+c^2$$
$$=a^2+2ab+b^2+2ac+2bc+c^2$$
$$=a^2+b^2+c^2+2ab+2bc+2ca$$

注意　乗法公式を利用するとき，a や b に対応するものは1つの文字とは限らない．下の例のように，ある式のかたまりを当てはめることも多い．

例　(1) $(2x+3y)^3+(2x-3y)^3=$ □ x^3+ □ xy^2
(2) $(a+b+c+d)^2=$ □

解　(1)　$(2x+3y)^3+(2x-3y)^3$

$$=(2x)^3+3(2x)^2\cdot 3y+3\cdot 2x(3y)^2+(3y)^3$$
$$+(2x)^3-3(2x)^2\cdot 3y+3\cdot 2x(3y)^2-(3y)^3$$
$$=2(2x)^3+6(2x)(3y)^2=\mathbf{16}x^3+\mathbf{108}xy^2$$

(2)　$(a+b+c+d)^2=\{a+b+(c+d)\}^2$

$$=a^2+b^2+(c+d)^2+2ab+2b(c+d)+2(c+d)a$$
$$=a^2+b^2+c^2+2cd+d^2+2ab+2bc+2bd+2ac+2ad$$
$$=\boldsymbol{a^2+b^2+c^2+d^2+2ab+2ac+2ad+2bc+2bd+2cd}$$

3　因数分解(Ⅰ)　★★★

① $\boldsymbol{a^2+2ab+b^2}=(a+b)^2$
② $\boldsymbol{a^2-2ab+b^2}=(a-b)^2$
③ $\boldsymbol{a^2-b^2}=(a+b)(a-b)$
④ $\boldsymbol{x^2+(a+b)x+ab}=(x+a)(x+b)$
⑤ $\boldsymbol{acx^2+(ad+bc)x+bd}=(ax+b)(cx+d)$

COMMENT　①～④の公式は，すでに中学校で学んだものであるが，⑤の公式は**たすき掛け**で考える．

$$ac \quad \begin{pmatrix} a & \times & \square \\ c & & \square \end{pmatrix} \quad ad+bc$$

上図で $\square$ 内は b と d．たすき掛けで $ad+bc$ が出るのは，上の $\square$ が b で，下の $\square$ が d のときだから，因数分解は $(ax+b)(cx+d)$ となる．

注　意　**3**の公式は，**1**の公式の左辺と右辺を交換しただけで，乗法公式と因数分解は逆の関係にある．だから，因数分解では，得られた結果を展開して検算するとよい．

例　(1)　$x^2-4x+3=(x\square)(x\square)$
(2)　$2x^2-5x-3=(x\square)(2x\square)$

解　(1)　和が -4，積が 3 となる 2 数は -1 と -3 だから

$$x^2-4x+3=(x\mathbf{-1})(x\mathbf{-3})$$

(2)　たすき掛けで -5 をつくり出せば

$$2x^2-5x-3=(x\mathbf{-3})(2x\mathbf{+1})$$

1	(−3)	−6
2	1	1
2	−3	−5

4 因数分解(II) ★★★

① $a^3+b^3=(a+b)(a^2-ab+b^2)$
② $a^3-b^3=(a-b)(a^2+ab+b^2)$
③ $x^4+x^2+1=(x^2+x+1)(x^2-x+1)$

COMMENT ①, ②は数学IIで学ぶ.
因数分解は次の手順で行う.

1° 共通因数があればくくる.

$$ma+mb+mc=m(a+b+c)$$

2° 基本公式がそのまま使えるかどうか調べる.
基本公式とは**3**と, この**4**である.

3° 2項と2項, または3項と1項に分ける.
そしてそれぞれを因数分解して, 基本公式を使う.

4° 文字の種類が多いときには, 最低次の文字に注目.
その文字の2次の項, 1次の項, 定数項でまとめる.

参考 因数分解の公式の中には

$$a^3+b^3+c^3-3abc$$
$$=(a+b+c)(a^2+b^2+c^2-ab-bc-ca)$$

という複雑なものもある. 利用度は低いが, 問題によっては大変に役立つこともある.

例 $a^3+ab+c(b+c^2)=(a+\boxed{})(b+\boxed{})$

解 $a^3+ab+c(b+c^2)$ ⇐ **まず展開**
$=a^3+ab+cb+c^3$ ⇐ **a, cは3次, bは1次, だからbでまとめる**
$=(a+c)b+(a^3+c^3)$
$=(a+c)b+(a+c)(a^2-ac+c^2)$
$=(a+\boldsymbol{c})(b+\boldsymbol{a^2-ac+c^2})$

5 絶対値記号 ★★★

$$|\boldsymbol{a}|=\begin{cases} a & (a\geqq 0) \\ -a & (a<0) \end{cases}\qquad |\boldsymbol{a}|^2=a^2$$

$b>0$ のとき

$|\boldsymbol{a}|=\boldsymbol{b} \iff a=\pm b$

$|\boldsymbol{a}|<\boldsymbol{b} \iff -b<a<b$

$|\boldsymbol{a}|>\boldsymbol{b} \iff a<-b,\ b<a$

COMMENT a の**絶対値** $|\boldsymbol{a}|$ とは，数直線上に a を目盛ったときに **$\boldsymbol{a}$ と原点 O との距離**である．

上のまとめは，絶対値記号のついた方程式または不等式を解くときの原理となる．

たとえば，方程式 $|x-3|=2$ を解いてみよう．

$x\geqq 3$ のとき　$x-3=2$，$x=5$
$x<3$ のとき　$-(x-3)=2$，$x=1$　……(答)

別解　$|x-3|=2$ から，

$x-3=\pm 2$，$x=1,\ 5$

または，両辺2乗して　$(x-3)^2=4$

$x^2-6x+5=0$，$(x-1)(x-5)=0$，$x=1,\ 5$

例　方程式 $|x+6|=2x$ の解は $x=$ ☐

解　$x\geqq -6$ のとき $x+6=2x$，$x=6$

$x<-6$ のとき

$-(x+6)=2x$，$-6=3x$，$x=-2$

この結果は $x<-6$ に矛盾する．

よって，$x=\boldsymbol{6}$

6 平方根 ★★★

(1) $a>0$ のとき，$\boldsymbol{x^2=a} \iff \boldsymbol{x=\pm\sqrt{a}}$

(2) $(\sqrt{\boldsymbol{a}})^2=a$，$\sqrt{\boldsymbol{a}^2}=|a|$

COMMENT 2乗して a となる数を **$\boldsymbol{a}$ の平方根**という．

a の平方根は正と負の2つがあり，正の方を $\sqrt{a}$，負の方を $-\sqrt{a}$ で表す．

(1)は，この平方根の定義と記号を示していると同時に2乗を示す指数の2を取り除くと，右辺には $\pm\sqrt{\ }$ がつくという，計算上の技術も示している．

(2)は，$(\sqrt{a})^2=a$ はつねに正しいが，$\sqrt{a^2}=a$ は，$a\geqq0$ のときだけ正しく，**$\boldsymbol{a<0}$ ならば $\boldsymbol{\sqrt{a^2}=-a}$** となるので，一般には $\sqrt{\boldsymbol{a}^2}=|\boldsymbol{a}|$ となることを示している．この両者は似ているので間違えないようにしよう．

参考 ここでは，正の数の平方根しかとり扱わないが，負の数の平方根は数学II **84** でとり扱う．

例 $-3<a<1$ のとき，次の式を簡単にせよ．

(1) $\sqrt{a^2-4a+4}=$ □

(2) $\sqrt{a^2+6a+9}-\sqrt{a^2-2a+1}=$ □

解 (1) $\sqrt{a^2-4a+4}=\sqrt{(a-2)^2}=|a-2|=\boldsymbol{2-a}$

($\because$ $a<1$)

(2) $\sqrt{a^2+6a+9}-\sqrt{a^2-2a+1}$

$=\sqrt{(a+3)^2}-\sqrt{(a-1)^2}=|a+3|-|a-1|$

$=(a+3)-(1-a)=a+3-1+a=\boldsymbol{2a+2}$

7　根号計算　★★★

$a>0,\ b>0$ のとき

(1)　$\sqrt{a}\sqrt{b}=\sqrt{ab},\ \dfrac{\sqrt{a}}{\sqrt{b}}=\sqrt{\dfrac{a}{b}},\ \sqrt{ab^2}=b\sqrt{a}$

(2)　$\dfrac{a}{\sqrt{b}}=\dfrac{a\sqrt{b}}{b},\ \ \dfrac{1}{\sqrt{a}\pm\sqrt{b}}=\dfrac{\sqrt{a}\mp\sqrt{b}}{a-b}$

（複号同順）

COMMENT　(1)は根号の基本的性質で，これらを使うことによって，根号を含む式を簡単にできる．

(2)は，**分母の有理化**といい，分母から根号をなくす方法である．分母が $\sqrt{b}$ ならば分母・分子を $\sqrt{b}$ 倍すればよく，分母が $\sqrt{a}+\sqrt{b}$ ならば分母・分子に $\sqrt{a}-\sqrt{b}$ を掛け，分母が $\sqrt{a}-\sqrt{b}$ ならば逆に分母・分子に $\sqrt{a}+\sqrt{b}$ を掛ければよい．

参考　以上のことをまとめて示したのが(2)の書き方で，複号（± の記号）は，左辺で上の符号をとれば，右辺でも上の符号をとるという意味で，これを**複号同順**という．

例　次の式の分母を有理化すると，$\dfrac{\sqrt{5}+2\sqrt{7}}{2\sqrt{5}-\sqrt{7}}=$ □

解　$\dfrac{\sqrt{5}+2\sqrt{7}}{2\sqrt{5}-\sqrt{7}}\times\dfrac{2\sqrt{5}+\sqrt{7}}{2\sqrt{5}+\sqrt{7}}$

$=\dfrac{2(\sqrt{5})^2+5\sqrt{5}\sqrt{7}+2(\sqrt{7})^2}{2^2(\sqrt{5})^2-(\sqrt{7})^2}$

$=\dfrac{10+5\sqrt{35}+14}{20-7}=\boldsymbol{\dfrac{5\sqrt{35}+24}{13}}$

⇐**分母が $\sqrt{a}-\sqrt{b}$ のとき，分母・分子を $(\sqrt{a}+\sqrt{b})$ 倍する**

数学I

8 2重根号 ★

$a \geqq b \geqq 0$ のとき

$$\sqrt{a+b\pm 2\sqrt{ab}}=\sqrt{a}\pm\sqrt{b}$$ （複号同順）

COMMENT まず，次の等式に注目しよう．

$$(\sqrt{a}\pm\sqrt{b})^2=(\sqrt{a})^2\pm 2\sqrt{a}\sqrt{b}+(\sqrt{b})^2$$
$$=a+b\pm 2\sqrt{ab}$$ （複号同順）

ここで，両辺の正の平方根を考えれば，$a \geqq b$ だから上の公式を得る．これは，$\sqrt{x\pm 2\sqrt{y}}$ 型の2重根号をはずすときに使われ，和が x，積が y となる2整数 a と b を探すことがポイントである．

この公式は，内側の根号の前に2がなくては使えないので，2がないときには，次のように考える．

$$\sqrt{11-4\sqrt{7}}=\sqrt{11-2\sqrt{28}}=\sqrt{7}-\sqrt{4}=\sqrt{7}-2$$
$$\sqrt{7+\sqrt{48}}=\sqrt{7+2\sqrt{12}}=\sqrt{4}+\sqrt{3}=2+\sqrt{3}$$
$$\sqrt{4-\sqrt{15}}=\sqrt{\frac{8-2\sqrt{15}}{2}}=\frac{\sqrt{5}-\sqrt{3}}{\sqrt{2}}=\frac{\sqrt{10}-\sqrt{6}}{2}$$

注意 2重根号はいつでもはずせるとは限らない．

たとえば，$\sqrt{6+2\sqrt{3}}$ では，和が6，積が3の2整数はないから，この2重根号ははずれない．

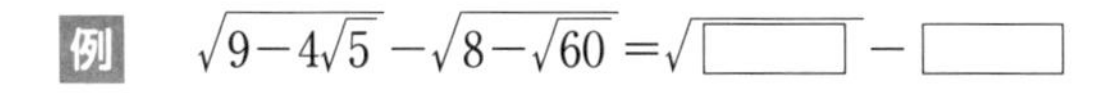

例 $\sqrt{9-4\sqrt{5}}-\sqrt{8-\sqrt{60}}=\sqrt{\boxed{}}-\boxed{}$

解 $\sqrt{9-4\sqrt{5}}-\sqrt{8-\sqrt{60}}$

$=\sqrt{9-2\sqrt{20}}-\sqrt{8-2\sqrt{15}}$

$=(\sqrt{5}-\sqrt{4})-(\sqrt{5}-\sqrt{3})$

$=\sqrt{3}-\sqrt{4}=\boldsymbol{\sqrt{3}-2}$

9　1次不等式　★★★

$ax>b$ の解は

$a>0$ ならば $x>\frac{b}{a}$, $a<0$ ならば $x<\frac{b}{a}$

COMMENT　不等式の基本性質として，不等式の両辺を正の数で割ったり掛けたりしても不等号の向きは変わらず，負の数で割ったり掛けたりすると不等号の向きは変わる．すなわち

$c>0$ のとき，$a>b \Longrightarrow ac>bc$, $\frac{a}{c}>\frac{b}{c}$

$c<0$ のとき，$a>b \Longrightarrow ac<bc$, $\frac{a}{c}<\frac{b}{c}$

1次不等式は，この原理を利用して解けばよい．

注意　$ax<b$ の形の不等式であれば，上の答の不等号の向きが逆になるだけである．

　また，$ax \geqq b$，または $ax \leqq b$ の形の不等式の場合には，結果の解の範囲を示す不等号 ($>$，$<$) を，等号を含んだもの ($\geqq$，$\leqq$) にすればよい．

例　1次不等式 $\frac{x-3}{2}-\frac{3x-2}{4} \geqq 1$ の解は，$x \leqq$ □

解　両辺を4倍して

$$2(x-3)-(3x-2) \geqq 4$$

$$2x-6-3x+2 \geqq 4,\quad -x \geqq 8$$

$$\therefore\quad x \leqq \mathbf{-8}$$

10 連立1次不等式 ★★

連立1次不等式を解くには,
それぞれの解を**数直線上の範囲**として図示し，それらの共通範囲を求めればよい.

COMMENT 具体的な例題で説明しよう.

連立不等式 $\begin{cases} x+4>3-2x & \cdots\cdots① \\ x+6\geqq 3x-1 & \cdots\cdots② \end{cases}$ を解くには,

①より $3x>-1$, $x>-\dfrac{1}{3}$　　⇐ **不等号の向きは不変**

②より $-2x\geqq -7$, $x\leqq\dfrac{7}{2}$　　⇐ **不等号の向きは逆転**

①, ②から求めた解の共通範囲は右図より　$-\dfrac{1}{3}<x\leqq\dfrac{7}{2}$

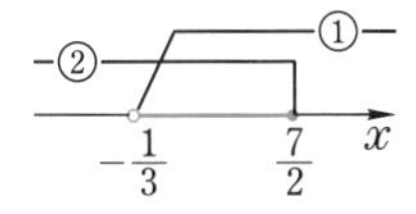

注意 範囲を数直線上に図示するとき，等号の有無を示すために，図のように区間の端点に黒丸（•）や白丸（◦）をつけることが多い.

例 連立不等式 $7x-8\leqq 5x-4<8x+2$ の解は [　　　]

解 $7x-8\leqq 5x-4$ から $2x\leqq 4$, $x\leqq 2$
$5x-4<8x+2$ から $-3x<6$, $x>-2$
以上の共通範囲は右図より
$\boldsymbol{-2<x\leqq 2}$

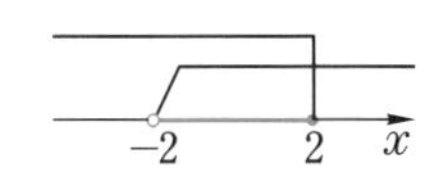

11 絶対値と不等式 ★

$a>0$ のとき

$|x-b|<a$ の解は

$$b-a<x<b+a$$

$|x-b|>a$ の解は

$$x<b-a,\ b+a<x$$

一般には，絶対値記号内の正負で場合分け．

COMMENT $a>0$ のとき，

$$|x|<a \iff -a<x<a$$

この x の代わりに $x-b$ があると考えれば，

$$|x-b|<a \iff -a<x-b<a$$
$$\iff b-a<x<b+a$$

同様に，$|x|>a \iff x<-a,\ a<x$

これより $|x-b|>a$ から $x<b-a,\ b+a<x$

別解 $|x-b|<a$ のとき，

$x-b\geqq 0$ なら $x-b<a \Longrightarrow b\leqq x<b+a$

$x-b<0$ なら $-(x-b)<a \Longrightarrow b-a<x<b$

これをまとめて，$b-a<x<b+a$

後半も，このように，場合分けで考えてもよい．

例　不等式 $|3x-1|\leqq 1$ の解は $\boxed{}\leqq x\leqq\boxed{}$

解 $|3x-1|\leqq 1 \iff -1\leqq 3x-1\leqq 1$

$-1\leqq 3x-1$ より，$0\leqq 3x$，$0\leqq x$

$3x-1\leqq 1$ より，$3x\leqq 2$，$x\leqq\dfrac{2}{3}$

以上より，求める解は　$\mathbf{0}\leqq x\leqq\dfrac{\mathbf{2}}{\mathbf{3}}$

12 集合の表し方 ★★★

(1) $\overline{\boldsymbol{A}\cap\boldsymbol{B}}=\overline{\boldsymbol{A}}\cup\overline{\boldsymbol{B}}$

(2) $\overline{\boldsymbol{A}\cup\boldsymbol{B}}=\overline{\boldsymbol{A}}\cap\overline{\boldsymbol{B}}$

(ド・モルガンの法則)

COMMENT 集合は下の**ベン図**で表すと，考えやすくなる．基本的な集合の意味と記号を知っておこう．

共通部分

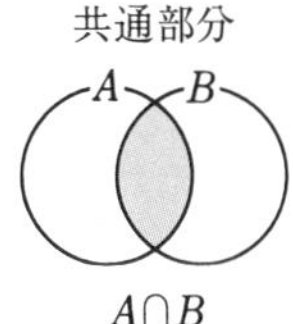

$A\cap B$

和集合

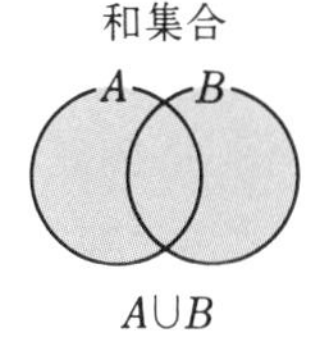

$A\cup B$

補集合

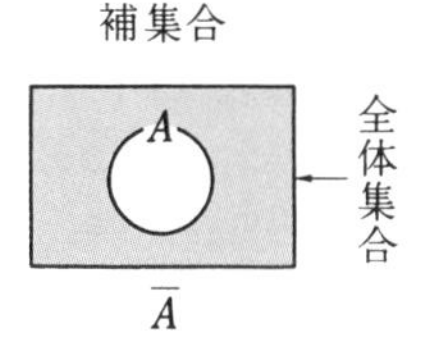

$\overline{A}$

このほか，$\boldsymbol{a\in A}$ **($\boldsymbol{a}$ は $\boldsymbol{A}$ の要素)**，$\boldsymbol{A\subset B}$ **($\boldsymbol{A}$ は $\boldsymbol{B}$ に含まれる)**，**∅ (空集合)** の記号と意味も記憶しよう．

上にあげたド・モルガンの法則は，両辺がともに同じベン図で表されることを確かめればよい．

(1)

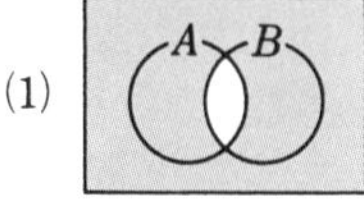

(2)

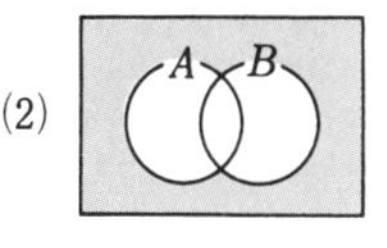

参考 3つの集合のときには，ド・モルガンの法則は次のようになる．

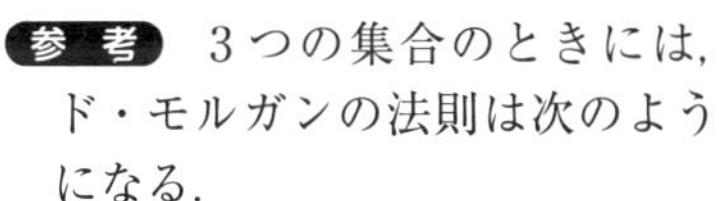

$$\overline{A\cap B\cap C}=\overline{A}\cup\overline{B}\cup\overline{C},\quad \overline{A\cup B\cup C}=\overline{A}\cap\overline{B}\cap\overline{C}$$

例 $A=\{2,\ 4,\ 6,\ 8,\ 10\}$，$B=\{6,\ 7,\ 8,\ 9,\ 10\}$ のとき，$A\cap B=$ [ ]，$A\cup B=$ [ ] である．

解 右のベン図より

$A\cap B=\{\mathbf{6},\ \mathbf{8},\ \mathbf{10}\}$

$A\cup B=\{\mathbf{2},\ \mathbf{4},\ \mathbf{6},\ \mathbf{7},\ \mathbf{8},\ \mathbf{9},\ \mathbf{10}\}$

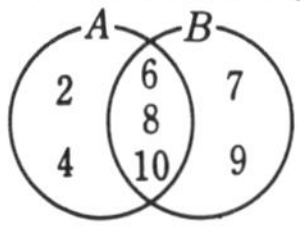

13　命題と集合　★★

条件 p, q をみたす集合をそれぞれ P, Q とする.

p ならば q	$p \Longrightarrow q$	$P \subset Q$
p ではない	$\overline{p}$	$\overline{P}$
p かつ q		$P \cap Q$
p または q		$P \cup Q$

COMMENT 上の表は, 命題と, それをみたす集合との関係を一覧表にしたもので, 論理と集合の密接な関係を示している.

また, 命題：$p \Longrightarrow q$ に対して,

$$q \Longrightarrow p,\quad \overline{p} \Longrightarrow \overline{q},\quad \overline{q} \Longrightarrow \overline{p}$$

をそれぞれ, もとの命題の**逆**, **裏**, **対偶**という.

もとの命題とその対偶は**同値**（同じこと）である.

参 考 ある命題を証明する際,「その命題が成り立たないと仮定して矛盾を導き, したがってその命題が成り立つ」という証明法を**背理法**というが, 命題の代わりにその対偶を証明するのも, 背理法の一種であるとも言える.

例　命題「n が 6 の倍数ならば, n は 2 の倍数かつ 3 の倍数である」の対偶は, ［　　　］である.

解 k の倍数の集合を M_k で表すと, 命題は

$$n \in M_6 \Longrightarrow n \in M_2 \cap M_3$$

対偶はド・モルガンの法則より,

$$n \in \overline{M_2 \cap M_3} = \overline{M_2} \cup \overline{M_3} \Longrightarrow n \in \overline{M_6}$$

すなわち **「n が 2 の倍数でないまたは 3 の倍数でないならば, n は 6 の倍数でない」**

14 必要条件と十分条件 ★★★

$A \Longrightarrow B$（A ならば B）が成り立つとき
A は B の十分条件
B は A の必要条件 } という．

COMMENT この種の問題では，まず数学的内容にしたがって矢印を書き，**矢印の根元が十分条件**，**矢印の先端が必要条件**と考えればよい．

$A \Longleftrightarrow B$ と，矢印が両方にあるときには，A は B の**必要十分条件**であり，B も A の必要十分条件である．

矢印がどちらの方向にも成り立たないときには，ともに必要条件でも十分条件でもない．

注意 文章の語順に注意しよう．「A であることは，B であるために～」という表現は，「B であるために，A であることは～」といってもよいので，どちらも，A（文章の主語）が矢印の根元か先端かを調べればよい．

例 次の各文の［　　］に適するものを，下の A～D から選べ．

(1) $ab=1$ は $a=b=1$ であるための［　　］

(2) $x=2$ は $x^2=4$ であるための［　　］

(3) $|x|=3$ は $x=\pm 3$ であるための［　　］

A．十分条件　　B．必要条件
C．必要十分条件　　D．どちらでもない

解 (1) $ab=1 \Longleftarrow a=b=1$，必要条件　**B**

(2) $x=2 \Longrightarrow x^2=4$，十分条件　**A**

(3) $|x|=3 \Longleftrightarrow x=\pm 3$，必要十分条件　**C**

15　2次関数のグラフ　★★★

y 軸に平行な軸をもち，頂点が $(p,\ q)$ の放物線の方程式は

$$y=a(x-p)^2+q \quad (a \neq 0)$$

COMMENT この曲線は，原点を頂点とする放物線 $y=ax^2$ を，x 軸方向に p，y 軸方向に q だけ平行移動したものであって（17参照），放物線の軸の方程式は $\boldsymbol{x=p}$ である．

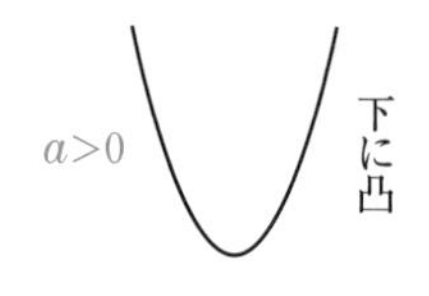

$|a|$ が等しいときは放物線の大きさは等しく，$a>0$ ならば**下に凸**の，$a<0$ ならば**上に凸**の放物線となる．

注意 一般の2次関数 $y=ax^2+bx+c\ (a \neq 0)$ も，次の16の変形法によってこの形に変形することができる．したがって，2次関数のグラフは，つねに y 軸に平行な軸をもつ放物線である．

例 2次関数 $y=$ ＿＿ x^2- ＿＿ $x+$ ＿＿ のグラフは，点 $(1,\ 2)$ を頂点とし，点 $(3,\ 10)$ を通る．

解 点 $(1,\ 2)$ が頂点だから，$y=a(x-1)^2+2$ と表せる．
点 $(3,\ 10)$ を通るから，$10=a(3-1)^2+2$

$$10=4a+2,\ 4a=8,\ a=2$$

$$\therefore \quad y=2(x-1)^2+2=2(x^2-2x+1)+2$$

$$\therefore \quad y=\mathbf{2}x^2-\mathbf{4}x+\mathbf{4}$$

16　2次関数の標準形　★★★

2次関数の標準形は，$a \neq 0$ として

$$ax^2+bx+c=a\left(x+\frac{b}{2a}\right)^2-\frac{b^2-4ac}{4a}$$

COMMENT　この右辺の形は**記憶する必要はない**が，左辺から右辺への**変形の仕方が重要**なテクニックである．

$$ax^2+bx+c=a\left(x^2+\frac{b}{a}x\right)+c$$

⇐ **左の2項を x^2 の係数でくくる**

$$=a\left\{x^2+\frac{b}{a}x+\left(\frac{b}{2a}\right)^2-\left(\frac{b}{2a}\right)^2\right\}+c$$

⇐ **1次の係数の半分の2乗を加えて，引く**

$$=a\left(x+\frac{b}{2a}\right)^2-\frac{b^2-4ac}{4a}$$

⇐ **左の3項を因数分解，残りはまとめる**

注意　これより，放物線 $y=ax^2+bx+c$ の頂点の座標は

$$\left(-\frac{b}{2a},\ -\frac{b^2-4ac}{4a}\right)$$

となる．x 座標だけは記憶しておくと便利．

例　放物線 $y=(2x-3)(5-x)$ の頂点の座標は □ である．

解　$y=(2x-3)(5-x)=-2x^2+13x-15$

$$=-2\left\{x^2-\frac{13}{2}x+\left(\frac{13}{4}\right)^2-\left(\frac{13}{4}\right)^2\right\}-15$$

$$=-2\left(x-\frac{13}{4}\right)^2+\frac{49}{8}$$

よって，頂点は $\left(\mathbf{\frac{13}{4}},\ \mathbf{\frac{49}{8}}\right)$

17 平行移動 ★★

曲線 $C：y=f(x)$ を x 軸方向へ p，y 軸方向へ q だけ平行移動した曲線を C' とすれば

$$C'：y-q=f(x-p)$$

COMMENT これが平行移動の原理で $\begin{cases} x \text{の代わりに} x-p \\ y \text{の代わりに} y-q \end{cases}$ を代入する．一般に，もとの曲線が

$$C：f(x,\ y)=0$$

の形ならば，平行移動の結果は

$$C'：f(x-p,\ y-q)=0$$

である．その例として，2 次関数のグラフ $y=ax^2$ を x 軸方向へ p，y 軸方向へ q だけ平行移動した結果が $y-q=a(x-p)^2$ すなわち，2 次関数の標準形 $y=a(x-p)^2+q$ である．

$C'：y-q=f(x-p)$
q
$C：y=f(x)$
p

例 放物線 $y=x^2-6x+15$ を x 軸方向に -2，y 軸方向に 1 だけ平行移動して得られる放物線の方程式は □ である．

解 $y-1=(x+2)^2-6(x+2)+15$　を整理して

$$y=x^2-2x+8$$

別解 $y=x^2-6x+15=(x-3)^2+6$

よって，放物線の頂点は $(3,\ 6)$

題意の移動で頂点は $(3-2,\ 6+1)=(1,\ 7)$

求める放物線は

$$y=(x-1)^2+7$$

数学I

18 対称移動 ★★

曲線 $C: y=f(x)$ があるとき，これと次のそれぞれに関して対称な曲線は

x 軸 …… $y=-f(x)$　　$[-y=f(x)]$

y 軸 …… $y=f(-x)$

原点 …… $y=-f(-x)$　$[-y=f(-x)]$

直線 $y=x$ …… $x=f(y)$

COMMENT　x 軸に関して対称な曲線の方程式をつくるには，もとの曲線の式で y の符号を変えればよい．間違えて，x の符号を変えないように注意する．

参考　曲線 $C: f(x,\ y)=0$ において，

$f(x,\ y)=f(x,\ -y)$

のとき，すなわち，y の代わりに $-y$ を代入しても，同一の式が得られるならば，C は x 軸に関して対称である．

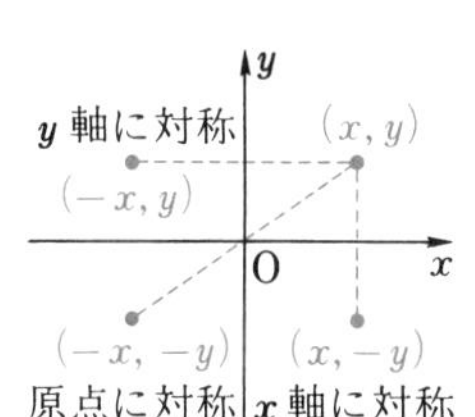

例　放物線 $y=x^2-2x+2$ を x 軸方向に 2，y 軸方向に -2 だけ平行移動したのち，原点に関して対称移動してできる放物線の方程式は □ である．

解　$y+2=(x-2)^2-2(x-2)+2$

$y=x^2-6x+8$

さらに，ここで $x\to -x$，$y\to -y$ として

$-y=(-x)^2-6(-x)+8$

$\therefore\ \ \boldsymbol{y=-x^2-6x-8}$

19　2次関数の最大・最小　★★★

2次関数 $f(x)=a(x-p)^2+q$ $(\alpha \leqq x \leqq \beta)$ の最大値と最小値は，次の値をくらべればよい．

$\alpha \leqq p \leqq \beta$ なら， $f(\alpha)$ と q と $f(\beta)$

$p<\alpha$ または $\beta<p$ なら， $f(\alpha)$ と $f(\beta)$

COMMENT　実際問題としては，与えられた2次関数を，16により標準形に変形し，それによってグラフをかき，範囲を $\alpha \leqq x \leqq \beta$ に限定して，そこでの y 座標の最大値と最小値を求めればよい．

右図のようになれば，最大値は $f(\beta)$ で，最小値は $f(p)=q$ である．

グラフは，$a>0$ ならば下に凸，$a<0$ ならば上に凸であることに注意しよう．

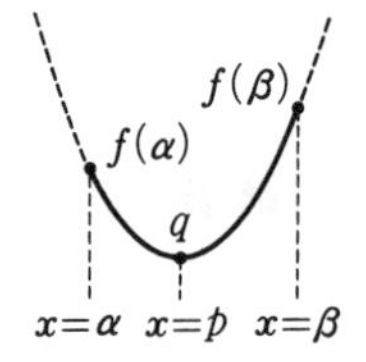

参考　$a>0$ で，$\alpha<p<\beta$ のとき，最小値は q である．最大値は $p-\alpha \leqq \beta-p$ ならば $f(\beta)$，$p-\alpha \geqq \beta-p$ ならば $f(\alpha)$ で，グラフをかかなくてもわかる．

例　2次関数 $f(x)=x^2-4x+1$ の $0 \leqq x \leqq 3$ での最大値は［　　］，最小値は［　　］である．

解　$f(x)=x^2-4x+1$
$\quad=(x-2)^2-3$

グラフの概形は右図．

最大値は　$f(0)=\mathbf{1}$

最小値は　$f(2)=\mathbf{-3}$

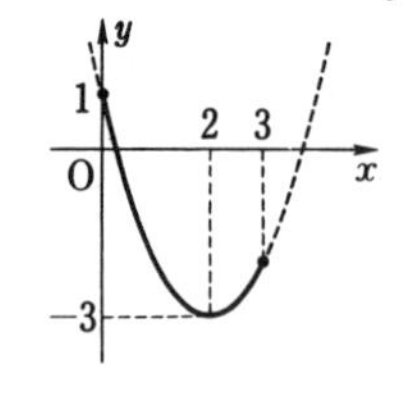

20　2次方程式と因数分解　★★★

$$ax^2+bx+c=0 \quad (a \neq 0)$$

この形の x についての方程式を**2次方程式**という．

左辺が公式を使って因数分解できるとき，

$$AB=0 \iff A=0 \text{ または } B=0$$

の原理を用いて，この方程式の解が求められる．

とくに，　$x^2=a\ (>0) \iff x=\pm\sqrt{a}$

COMMENT　**3**で学んだ因数分解の公式

$$\begin{cases} x^2+2ax+a^2=(x+a)^2 \\ x^2-2ax+a^2=(x-a)^2 \\ x^2-a^2=(x+a)(x-a) \\ x^2+(a+b)x+ab=(x+a)(x+b) \\ acx^2+(ad+bc)x+bd=(ax+b)(cx+d) \end{cases}$$

により，左辺を0とおいて2次方程式を解くことができる．とくに，第5番目のたすき掛けを利用する因数分解には十分慣れておこう．

注意　$x^2=a(a>0)$ の形の方程式では，一辺に集め

$$x^2-a=x^2-(\sqrt{a})^2=(x-\sqrt{a})(x+\sqrt{a})=0$$

と因数分解して，$x=\sqrt{a}$，$-\sqrt{a}$，つまり $x=\pm\sqrt{a}$ が得られる．

例　$2x^2-5x-3=0$ の解は［　　］と［　　］である．

解　たすき掛けにより，左辺を因数分解して

$$(2x+1)(x-3)=0 \quad \text{これより，} \ x=-\frac{1}{2},\ 3$$

21　2 次方程式の解の公式　★★★

$ax^2+bx+c=0$ $(a\neq 0,\ b^2\geqq 4ac)$ の解は

$$\boldsymbol{x=\frac{-b\pm\sqrt{b^2-4ac}}{2a}}$$

$b=2b'$ なら　$\boldsymbol{x=\frac{-b'\pm\sqrt{b'^2-ac}}{a}}$

COMMENT　この解の公式は，**16**の標準形を使って

$$ax^2+bx+c=a\left(x+\frac{b}{2a}\right)^2-\frac{b^2-4ac}{4a}=0 \text{ から}$$

$$\left(x+\frac{b}{2a}\right)^2=\frac{b^2-4ac}{4a^2},\quad x+\frac{b}{2a}=\pm\frac{\sqrt{b^2-4ac}}{2a}$$

$$x=-\frac{b}{2a}\pm\frac{\sqrt{b^2-4ac}}{2a}$$

として得られる．

第 2 の公式は，$b=2b'$ をこれに代入すればよい．

使い方　これにより簡単に因数分解ができない 2 次方程式も解くことができる．公式を使うときは，b が偶数のときには第 2 の公式を使うなど，場合により使い分けたい．

例　解の公式を用いて，次の式を因数に分解すると

$$2x^2-5x+1=\boxed{}$$

解　与式 $=0$ とおいて解の公式を使うと

$$x=\frac{5\pm\sqrt{5^2-4\times 2\times 1}}{2\times 2}=\frac{5\pm\sqrt{25-8}}{4}=\frac{5\pm\sqrt{17}}{4}$$

$$\therefore\quad 2x^2-5x+1=\boldsymbol{2\left(x-\frac{5+\sqrt{17}}{4}\right)\left(x-\frac{5-\sqrt{17}}{4}\right)}$$

22 判別式 ★★★

2次方程式　$ax^2+bx+c=0$　は $D=b^2-4ac$ とおくと

$D>0$ のとき， 異なる2つの実数解をもつ

$D=0$ のとき， 重解をもつ

$D<0$ のとき， 実数解がない

COMMENT　この D を2次方程式の**判別式**という．

解の公式で $x=\dfrac{-b\pm\sqrt{b^2-4ac}}{2a}$ であるから根号の中身が判別式である．

$D>0$ なら　解は $\dfrac{-b+\sqrt{D}}{2a}$ と $\dfrac{-b-\sqrt{D}}{2a}$

$D=0$ なら　2つの解は一致して（重解）$\dfrac{-b}{2a}$

$D<0$ なら，根号の中身は負だから，実数（正の数と負の数と0を合わせたもの）の範囲に解はない．

注意　$b=2b'$ ならば，判別式として $\boldsymbol{D'=b'^2-ac}$ を使うとよい．$D=4D'$　の関係がある．

例　2次方程式 $3x^2+2(k+4)x+5k+2=0$ が重解をもつように k を定めると $k=$ [　　] である．

解　x の係数に2があるから，D' を使う．

$$
\begin{aligned}
D'&=(k+4)^2-3(5k+2)\\
&=k^2+8k+16-15k-6\\
&=k^2-7k+10\\
&=(k-2)(k-5)=0
\end{aligned}
$$

$\therefore$　$k=\mathbf{2},\ \mathbf{5}$

23　2次不等式　★★★

$a>0$, $\alpha<\beta$ のとき
$a(x-\alpha)(x-\beta)>0$ の解は $x<\alpha$, $\beta<x$
$a(x-\alpha)(x-\beta)<0$ の解は $\alpha<x<\beta$

COMMENT　ここでは $a>0$ の場合しかとり扱っていないが，$a<0$ のときには両辺を **(-1) 倍すれば x^2 の係数が正となり**，この結果が使える．ただし，**不等号の向きは反対になる**ことに注意すること．

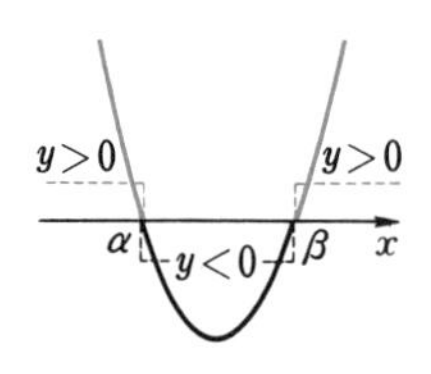

$a(x-\alpha)(x-\beta)\leqq 0$ のように問題に等号があれば，$\alpha\leqq x\leqq\beta$ と，答にも等号をつけよう．

参考　$a>0$ のとき，$a(x-\alpha)^2>0$ の解は $x\neq\alpha$ のすべての実数であり，$a(x-\alpha)^2<0$ の解はない．また，$a(x-\alpha)^2\geqq 0$ の解はすべての実数で，$a(x-\alpha)^2\leqq 0$ の解は $x=\alpha$ となる．グラフで確かめておこう．

例　(1)　2次不等式 $x^2-x-2>0$ の解は □ である．
　(2)　2次不等式 $x^2-x-1\leqq 0$ の解は □ である．

解　(1)　$x^2-x-2=(x-2)(x+1)>0$
　ゆえに，　$\boldsymbol{x<-1,\ 2<x}$

(2)　$x^2-x-1=0$ を解けば

$$x=\frac{1\pm\sqrt{1^2-4\times1\times(-1)}}{2}=\frac{1\pm\sqrt{5}}{2}$$

ゆえに，　$\boldsymbol{\dfrac{1-\sqrt{5}}{2}\leqq x\leqq\dfrac{1+\sqrt{5}}{2}}$

24　絶対不等式 ★

すべての x に対して

$$ax^2+bx+c>0$$

となる条件は

$a>0$, $D=b^2-4ac<0$

または　$a=b=0$, $c>0$

COMMENT x にどのような値を代入しても成立する不等式を**絶対不等式**という.

不等式 $f(x)>0$ が絶対不等式となるためには, 曲線 $y=f(x)$ がすべて x 軸の上方にあればよい. このことは, $f(x)$ の最小値が正であることと同じである. $a \neq 0$ ならば $y=ax^2+bx+c$ のグラフは放物線で, $y>0$ より $a>0$ で, x 軸と共有点のない条件が $D<0$ である.

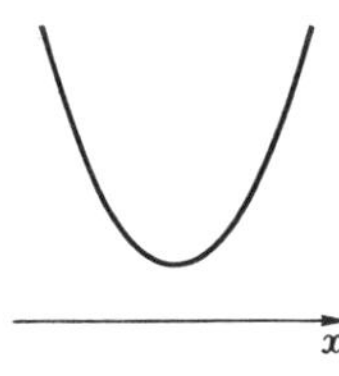

注意 $y=ax^2+bx+c$ のグラフは放物線とは限らない. $a=0$ のときは直線で, これがつねに x 軸の上方にあるためには $y=c(>0)$ の形でなくてはならない.

例　$ax^2-2x+a>0$ がすべての x に対して成り立つような a の値の範囲は ☐ である.

解 $a=0$ のとき $-2x>0$ は $x \geqq 0$ で成立せず不適.

$a>0$ のとき, $D'=1^2-a^2<0$

$a^2-1=(a+1)(a-1)>0$ から　$a<-1$, $1<a$

$a>0$ の条件と合わせて　$\boldsymbol{1<a}$

25　2次方程式の解の位置　★★

方程式 $f(x)=ax^2+bx+c=0$　$(a>0)$　が区間 $\alpha<x<\beta$ で2つの解をもつ条件は

$$\begin{cases} f(\alpha)>0,\ \ f(\beta)>0, \\ D=b^2-4ac\geqq 0, \end{cases}\qquad \alpha<-\frac{b}{2a}<\beta$$

COMMENT　方程式の解は，放物線 $y=ax^2+bx+c$ と x 軸との共有点で表されるから，条件をみたすグラフは右図のようになる．

それを式で表すと，上のような不等式が必要である．なお，$-\dfrac{b}{2a}$ は，放物線の軸の x 座標（16参照）である．ただし，単に「2つの解」と述べたときは，重解も含めて考える．

参考　方程式 $f(x)=ax^2+bx+c=0$ が $f(\alpha)f(\beta)<0$ を満たすとき，方程式は区間 $\alpha<x<\beta$ でただ1つの解をもつ．（逆は成り立たない）

例　方程式 $f(x)=x^2-2ax+a=0$ が，$0<x<2$ の間に異なる2つの解をもつような a の範囲は［　　］である．

解　$f(0)=a>0$，$f(2)=4-3a>0$　から $\dfrac{4}{3}>a$

$D'=a^2-a=a(a-1)>0$ から $a<0$ または $1<a$

$f(x)=(x-a)^2+a-a^2$，軸の x 座標を考え，

$0<a<2$　　以上の共通範囲として　$\boldsymbol{1<a<\dfrac{4}{3}}$

26　三角比の定義　★★★

右図の直角三角形について

$\sin\theta=\dfrac{高さ}{斜辺}$，　$\cos\theta=\dfrac{底辺}{斜辺}$，

$\tan\theta=\dfrac{高さ}{底辺}$

斜辺
高さ
θ
底辺

COMMENT　1つの角 θ と直角が共通ならば，2つの三角形は相似形となり，辺の比は等しくなる．そこで，上に述べた3種の辺の比は θ により決まるので，これらをそれぞれ **sin *θ*（正弦）**，**cos *θ*（余弦）**，**tan *θ*（正接）** と名づけたのが三角比の定義である．

覚え方　上の定義で，上図に s($\mathscr{S}$)，c，t の文字があり，矢印の順序は辺の比で分母から分子への順序に対応しているから，記憶するのに便利であろう．

また，斜辺 $\times\sin\theta=$ 高さ　の関係から，斜辺がわかっているときに，$\sin\theta$ を掛ければ高さが出るが，これも，斜辺 → 高さの順序だから，この図が利用できる．$\cos\theta$ と $\tan\theta$ についても同様である．

例　次の三角比の値を求めよ．

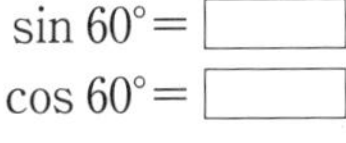

$\sin 45°=$ □
$\tan 45°=$ □
$\sin 60°=$ □
$\cos 60°=$ □

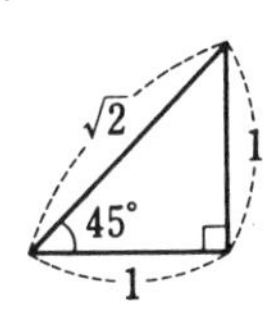

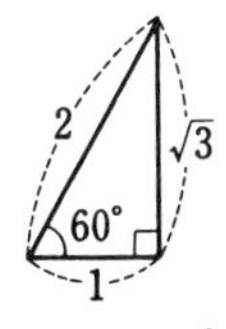

解　定義にあてはめるだけでよい．

$\sin 45°=\dfrac{\mathbf{1}}{\mathbf{\sqrt{2}}}$，$\tan 45°=\mathbf{1}$，$\sin 60°=\dfrac{\mathbf{\sqrt{3}}}{\mathbf{2}}$，$\cos 60°=\dfrac{\mathbf{1}}{\mathbf{2}}$

27 正弦と余弦の関係 ★★★

$$\sin^2\theta+\cos^2\theta=1$$

COMMENT 右図の直角三角形で

$$\sin\theta=\frac{y}{r},\quad \cos\theta=\frac{x}{r}$$

である．ここで，三平方の定理

$$x^2+y^2=r^2$$

に注意すると

$$\sin^2\theta+\cos^2\theta=\left(\frac{y}{r}\right)^2+\left(\frac{x}{r}\right)^2=\frac{y^2+x^2}{r^2}=\frac{r^2}{r^2}=1$$

となり，公式が証明された．

注意 この公式は，三角比の公式の中では最も重要なもので，三角比の問題の多くでこの公式を使う．

この公式から

$$\sin^2\theta=1-\cos^2\theta,\qquad \cos^2\theta=1-\sin^2\theta$$

がいえるので，偶数乗の正弦または余弦の式は，逆にそれぞれ余弦または正弦で表されることに注意しよう．

例 次の式を簡単にせよ．

$$\sin^4\theta-\cos^4\theta-2\sin^2\theta=\boxed{}$$

解 $\sin^4\theta-\cos^4\theta-2\sin^2\theta$

$=\sin^4\theta-(\cos^2\theta)^2-2\sin^2\theta$

$=\sin^4\theta-(1-\sin^2\theta)^2-2\sin^2\theta$

$=\sin^4\theta-(1-2\sin^2\theta+\sin^4\theta)-2\sin^2\theta$

$=\sin^4\theta-1+2\sin^2\theta-\sin^4\theta-2\sin^2\theta$

$=\mathbf{-1}$

28　正弦と余弦の比は正接　★★★

$$\tan\theta=\frac{\sin\theta}{\cos\theta}$$

COMMENT　右図の直角三角形で

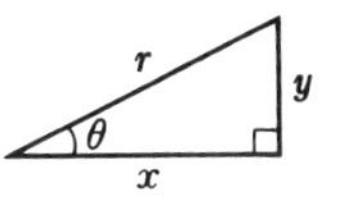

$\sin\theta=\frac{y}{r}$, $\cos\theta=\frac{x}{r}$, $\tan\theta=\frac{y}{x}$

であるから

$$\frac{\sin\theta}{\cos\theta}=\frac{\frac{y}{r}}{\frac{x}{r}}=\frac{\frac{y}{r}\times r}{\frac{x}{r}\times r}=\frac{y}{x}=\tan\theta$$

となり，この公式が証明された．

使い方　sin, cos, tan の混ざった問題では，まずこの公式によって tan を sin と cos の商として表し，それを整頓し，さらに可能ならば**27**を使うことにより，sin のみの式，または cos のみの式として表せば，その式は 1 種類の三角比で表せてわかりやすくなる．

例　次の式を簡単にせよ．

$$\tan^2\theta-\sin^2\theta-\tan^2\theta\sin^2\theta=\boxed{}$$

解　$\tan^2\theta-\sin^2\theta-\tan^2\theta\sin^2\theta$

$=\tan^2\theta(1-\sin^2\theta)-\sin^2\theta$

$=\frac{\sin^2\theta}{\cos^2\theta}\times\cos^2\theta-\sin^2\theta$

$=\sin^2\theta-\sin^2\theta=\mathbf{0}$

29　三角比の１つを知って　★★

$$1+\tan^2\theta=\frac{1}{\cos^2\theta}$$

COMMENT　これは，公式**27**：$\cos^2\theta+\sin^2\theta=1$ で，両辺を $\cos^2\theta$ で割り，公式**28**：$\dfrac{\sin\theta}{\cos\theta}=\tan\theta$　を使えば，ただちに得られる．

27，**28**，**29**は，３つの三角比の相互関係で，以上の公式を使うことにより，三角比のどれか１つがわかれば，他の２つがわかることになる．

下の例題では，「$0°<\theta<90°$ で $\tan\theta=2$」のときに，「$\sin\theta$, $\cos\theta$ の値はいくらか？」という問題をとり扱っているが，**27**〜**29**の使い方に注目しよう．

例　$0°<\theta<90°$ で $\tan\theta=2$ のとき，$\sin\theta=$ ☐，$\cos\theta=$ ☐ である．

解　$\dfrac{1}{\cos^2\theta}=1+\tan^2\theta=1+2^2=5$　　∴　$\cos^2\theta=\dfrac{1}{5}$

$\sin^2\theta=1-\cos^2\theta=1-\dfrac{1}{5}=\dfrac{4}{5}$

$0°<\theta<90°$ より　$\sin\theta=\mathbf{\dfrac{2}{\sqrt{5}}}$，$\cos\theta=\mathbf{\dfrac{1}{\sqrt{5}}}$

別解　この例題は，**27**〜**29**を使わずに，次のように図で考えてもよい．

$\tan\theta=2$ だから，右図のように底辺１，高さ２の直角三角形をつくると，三平方の定理で 斜辺 $=\sqrt{5}$

よって，$\sin\theta=\dfrac{2}{\sqrt{5}}$，$\cos\theta=\dfrac{1}{\sqrt{5}}$

30 余角 $90°-\theta$ の三角比 ★★

$\sin(90°-\theta)=\cos\theta$,
$\cos(90°-\theta)=\sin\theta$,
$\tan(90°-\theta)=\dfrac{1}{\tan\theta}$

COMMENT 右図の直角三角形で，$\angle A=\theta$ とおくと，$\angle B=90°-\theta$ である．θ で考えれば底辺が x，高さが y であるが，$90°-\theta$ で考えれば逆に，底辺が y，高さは x となる．以上に注意すると，次のように公式が示せる．

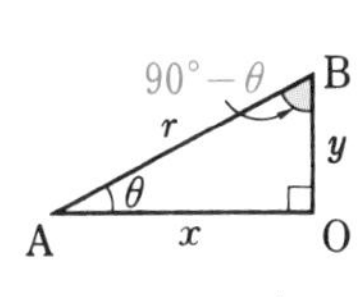

$$\sin(90°-\theta)=\frac{x}{r}=\cos\theta,\quad \cos(90°-\theta)=\frac{y}{r}=\sin\theta$$

$$\tan(90°-\theta)=\frac{x}{y}=\frac{1}{\tan\theta}$$

注意 **$\alpha+\beta=90°$ のとき**，すなわち和が $90°$ となるような2つの角 α，β を互いに**余角**であるという．このとき，

$$\sin\alpha=\cos\beta,\quad \sin\beta=\cos\alpha$$

が成り立つというのがこの公式である．

例 次の各式を簡単にせよ．

(1) $\sin^2 40°+\sin^2 50°=$ □

(2) $\tan 20°\times\tan 45°\times\tan 70°=$ □

解 (1) $\sin^2 40°+\sin^2 50°=\sin^2 40°+\cos^2 40°=\mathbf{1}$

(2) $\tan 20°\times\tan 45°\times\tan 70°$

$$=\tan 20°\times 1\times\frac{1}{\tan 20°}=\mathbf{1}$$

31 補角 $180°-\theta$ の三角比 ★★

$\sin(180°-\theta)=\sin\theta$, $\cos(180°-\theta)=-\cos\theta$
$\tan(180°-\theta)=-\tan\theta$

COMMENT $0°\leqq\theta\leqq180°$ のとき，原点中心，半径1の右図のような半円周上に，$\angle\mathrm{AOP}=\theta$ となる点Pをとり，このPの座標を $(x,\ y)$ として

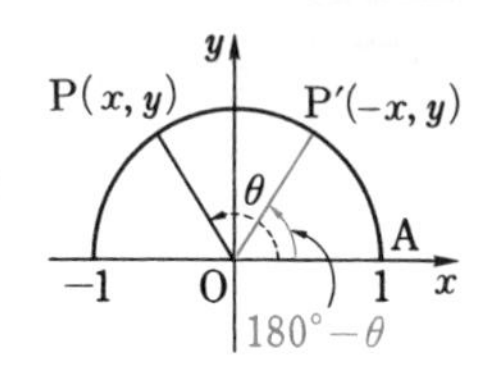

$$\cos\theta=x,\ \ \sin\theta=y,\ \ \tan\theta=\frac{y}{x}$$

と定義すると，これは $0°\leqq\theta\leqq90°$ ではいままでの三角比と一致するので，第2象限への**三角比の拡張**になっている．$180°-\theta$ に対応する点を $\mathrm{P}'(-x,\ y)$ とすると，PとP′は y 軸に関して対称で，x 座標の符号のみが変化しているので，上に述べた公式が得られる．

注意　tan の公式は次のように求められる．

$$\tan(180°-\theta)=\frac{\sin(180°-\theta)}{\cos(180°-\theta)}=\frac{\sin\theta}{-\cos\theta}=-\tan\theta$$

例　次の三角比を，$0°$ から $45°$ までの三角比で表せ．

(1) $\sin165°=$ □　　(2) $\cos95°=$ □

(3) $\tan123°=$ □

解 (1) $\sin165°=\sin(180°-15°)=\boldsymbol{\sin15°}$

(2) $\cos95°=\cos(180°-85°)=-\cos85°$
$=-\cos(90°-5°)=\boldsymbol{-\sin5°}$

(3) $\tan123°=\tan(180°-57°)=-\tan57°$
$=-\tan(90°-33°)=\boldsymbol{-\dfrac{1}{\tan33°}}$

32 正弦定理 ★★★

△ABCの外接円の半径をRとすると

$$\frac{a}{\sin A}=\frac{b}{\sin B}=\frac{c}{\sin C}=2R$$

COMMENT △ABCについて，3辺a=BC，b=CA，c=ABと，3つの角A，B，Cを**三角形の6つの要素**というが，これらの要素の間にはいろいろな関係がある．その中でも，大切なものは次の3つである．

$A+B+C=180°$，正弦定理，余弦定理

この正弦定理は，三角形では辺の長さの比と，対応する角の正弦の比が等しいことを示している．たとえば，

$\sin A:\sin B:\sin C=3:4:5$であれば

$a:b:c=3:4:5$となり，$3^2+4^2=5^2$

だから，これは$C=90°$の直角三角形である．

使い方 三角形の1辺の長さと2つの角の大きさがわかっているとき，正弦定理を用いて他の辺の長さや外接円の半径を求めることができる．

例 △ABCで，$B=60°$，$C=75°$，$\mathrm{AC}=2\sqrt{6}$のとき，BCの長さは□，外接円の半径Rは□である．

解 $A=180°-B-C=180°-(60°+75°)=45°$

正弦定理から

$$\frac{\mathrm{BC}}{\sin A}=\frac{\mathrm{AC}}{\sin B} \Longrightarrow \frac{\mathrm{BC}}{\sin 45°}=\frac{2\sqrt{6}}{\sin 60°}$$

$$\mathrm{BC}=\frac{\sin 45°}{\sin 60°}\cdot 2\sqrt{6}=\frac{\sqrt{2}}{\sqrt{3}}\cdot 2\sqrt{6}=\mathbf{4}$$

$$2R=\frac{2\sqrt{6}}{\sin 60°}=4\sqrt{2} \qquad \therefore\quad R=\mathbf{2\sqrt{2}}$$

33 余弦定理 ★★★

$$a^2=b^2+c^2-2bc\cos A$$
$$b^2=c^2+a^2-2ca\cos B$$
$$c^2=a^2+b^2-2ab\cos C$$

COMMENT △ABC で，A を原点 (0, 0)，B を x 軸上の点 $(c,\ 0)$ に座標をとると，C の座標は $(b\cos A,\ b\sin A)$ となる．

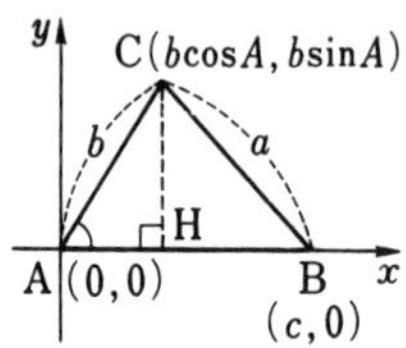

$$\begin{aligned} a^2&=\mathrm{BC}^2\\ &=\mathrm{BH}^2+\mathrm{CH}^2 &\Leftarrow \text{三平方の定理}\\ &=(c-b\cos A)^2+(b\sin A)^2\\ &=c^2-2bc\cos A+b^2\cos^2 A+b^2\sin^2 A\\ &=b^2+c^2-2bc\cos A &\Leftarrow \sin^2 A+\cos^2 A=1 \end{aligned}$$

他の 2 つの公式も同様に証明できる．

参考 任意の三角形について，次の 3 式が成立する．

$a=b\cos C+c\cos B$，$b=a\cos C+c\cos A$，
$c=a\cos B+b\cos A$

たとえば，第 3 式の成立は右上図より明らかである．この 3 式を「第 1 余弦定理」，**33**を「第 2 余弦定理」ということもある．

例　△ABC において，$a=8$，$b=6$，$C=120^\circ$ のとき $c=$ □ である．

解　余弦定理より

$$c^2=a^2+b^2-2ab\cos C=8^2+6^2-2\times8\times6\times\left(-\frac{1}{2}\right)$$
$$=64+36+48=148 \qquad \therefore\quad c=\sqrt{148}=\mathbf{2\sqrt{37}}$$

34 三角形の形状 ★★

与えられた条件下で，三角形の形状を調べるには，その条件式で，次の形の置き換えを行う．

$$\sin A=\frac{a}{2R},\quad \cos A=\frac{b^2+c^2-a^2}{2bc}$$

COMMENT これらは，正弦定理，余弦定理をそれぞれ，$\sin A$ と $\cos A$ について解いたものであって，このほかにも

$$\sin B=\frac{b}{2R},\quad \cos B=\frac{c^2+a^2-b^2}{2ca}$$

$$\sin C=\frac{c}{2R},\quad \cos C=\frac{a^2+b^2-c^2}{2ab}$$

があり，条件式の**大文字（角の関係）を，小文字（辺の関係）に置き換える**ことによって，下の例のように**三角形の形状が定まる**．$\cos A=\sim$ の式は，形状問題以外にも使いみちが多いから，記憶しておこう．

覚え方 $\cos A = \dfrac{b^2+c^2-a^2}{2bc}$

（b^2 と c^2 を加え，残りの a^2 を引く）

（a 以外の 2 文字の 2 倍）

例 △ABC において，$\sin A\cos B=\sin C$ が成り立つとき，△ABC は $A=$ □° の □ 三角形である．

解 上で述べた置き換えで，両辺を小文字に変形して

$$\frac{a}{2R}\cdot\frac{c^2+a^2-b^2}{2ca}=\frac{c}{2R} \Longrightarrow c^2+a^2-b^2=c\cdot 2c$$

$$a^2=b^2+c^2$$

よって，$A=\mathbf{90}°$ の**直角**三角形．

35 三角形の面積 ★★★

△ABCの面積をSとすると

$$S=\frac{1}{2}bc\sin A=\frac{1}{2}ca\sin B=\frac{1}{2}ab\sin C$$

COMMENT 三角形の面積の公式で，最も大切なものは

$$(\text{面積})=\frac{1}{2}\times(\text{底辺})\times(\text{高さ})$$

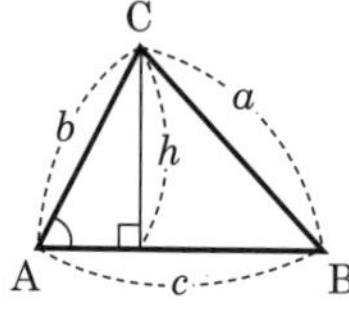

である．それでは，2番目に大切な面積の公式は？　という質問に対しては，**35**の公式が答であろう．

この公式の成り立つ理由は，右上図から

$$S=\frac{1}{2}ch=\frac{1}{2}c(b\sin A)=\frac{1}{2}bc\sin A$$

となり，他の2式も同様に証明できる．

参考 この公式を2倍してabcで割ると

$$\frac{\sin A}{a}=\frac{\sin B}{b}=\frac{\sin C}{c}\quad(\text{正弦定理})$$

となる．

例 △ABCの面積が24，$A>90°$，$c=8$，$b=6\sqrt{2}$のとき，$A=$ □ °である．

解 $24=S=\frac{1}{2}bc\sin A$ から

$$\sin A=\frac{24\times2}{bc}=\frac{48}{6\sqrt{2}\cdot8}=\frac{1}{\sqrt{2}}$$

$A>90°$ から $A=\mathbf{135}°$

36 ヘロンの公式

△ABC で，$s=\dfrac{a+b+c}{2}$ とおくとき

面積：$S=\sqrt{s(s-a)(s-b)(s-c)}$

COMMENT 公式35，27，34の順に使う．

$$S^2=\left(\frac{1}{2}bc\sin A\right)^2=\frac{b^2c^2}{4}(1-\cos^2 A)$$

$$=\frac{b^2c^2}{4}\left\{1-\left(\frac{b^2+c^2-a^2}{2bc}\right)^2\right\}=\frac{b^2c^2}{4}\cdot\frac{(2bc)^2-(b^2+c^2-a^2)^2}{4b^2c^2}$$

$$=\frac{\{2bc+(b^2+c^2-a^2)\}\{2bc-(b^2+c^2-a^2)\}}{16}=\frac{\{(b+c)^2-a^2\}\{a^2-(b-c)^2\}}{16}$$

$$=\frac{(b+c+a)(b+c-a)(a+b-c)(a-b+c)}{16}$$

$$=\frac{2s(2s-2a)(2s-2c)(2s-2b)}{16}=s(s-a)(s-b)(s-c)$$

$$\therefore\quad S=\sqrt{s(s-a)(s-b)(s-c)}$$

忘れたら ヘロンの公式にこだわらず，34から $\cos A$ を求め，27で $\sin A$ を求め，35を使えば面積が求められる．

例 $a=7$，$b=8$，$c=5$ の△ABC がある．この面積は $S=$ ☐ である．

解 $s=\dfrac{a+b+c}{2}=\dfrac{7+8+5}{2}=10$

$S=\sqrt{10(10-7)(10-8)(10-5)}=\sqrt{10\cdot3\cdot2\cdot5}=\mathbf{10\sqrt{3}}$

別解 $\cos A=\dfrac{b^2+c^2-a^2}{2bc}=\dfrac{64+25-49}{2\cdot8\cdot5}=\dfrac{40}{80}=\dfrac{1}{2}$

$\therefore\quad A=60^\circ \qquad S=\dfrac{1}{2}bc\sin 60^\circ=10\sqrt{3}$

37 内接円の半径と面積 ★★

△ABC の面積を S，内接円の半径を r とすると

$$S=sr \quad ただし \quad s=\frac{a+b+c}{2}$$

COMMENT △ABC の内心（内接円の中心）を I とすると

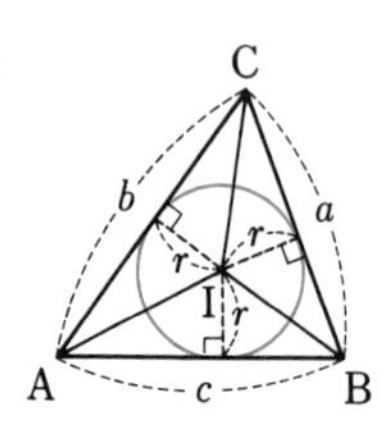

$$S=\triangle ABC$$
$$=\triangle ABI+\triangle BCI+\triangle CAI$$
$$=\frac{cr}{2}+\frac{ar}{2}+\frac{br}{2}=\frac{a+b+c}{2}r=sr$$

となり，公式が証明された．この s はヘロンの公式にも現れ，**内接円の半径を求めるには，この公式を使うのが定石**である．

参考 とくに $A=90°$ のときには，右図より $b+c=a+2r$，すなわち $r=\frac{b+c-a}{2}$ を使うことができる．

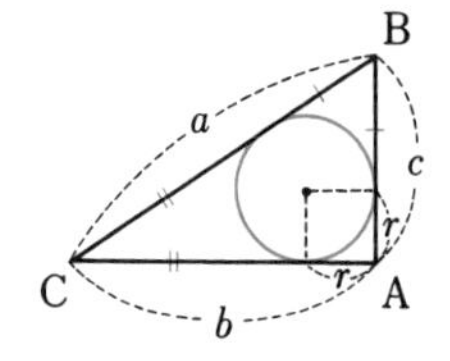

例 $a=13$，$b=14$，$c=15$ のとき，△ABC の内接円の半径は $r=$ ［　　］ である．

解 ヘロンの公式を使う．

$$s=(13+14+15)\div 2=42\div 2=21$$
$$S=\sqrt{21\cdot(21-13)\cdot(21-14)\cdot(21-15)}$$
$$=\sqrt{21\cdot 8\cdot 7\cdot 6}=3\cdot 7\cdot 4=84$$

$S=sr$ から　　$r=\frac{S}{s}=\frac{84}{21}=\mathbf{4}$

38 外接円の半径と面積 ★

△ABC の面積を S，外接円の半径を R とすると

$$S=\frac{abc}{4R}$$

COMMENT 外接円の半径に関係するから

正弦定理 $2R=\dfrac{a}{\sin A} \Longrightarrow \sin A=\dfrac{a}{2R}$

を思い出せばよく，これを**35**にあてはめて

$$S=\frac{1}{2}bc\sin A=\frac{1}{2}bc\times\frac{a}{2R}=\frac{abc}{4R}$$

とすれば，上の公式が証明される．

注 意 この公式は，3 辺の長さがわかっているときに外接円の半径を求めるのに役立つが，3 辺の長さがわかっていれば**34**から $\cos A$，したがって $\sin A$ がわかり，正弦定理から R が求まるので，記憶する必要はなく，証明ができればよい．下の例題も公式の証明であるが，**38**を直接使うのではなく，その証明法を使う．

例 △ABC の面積を S とすると，
$S=2R^2\sin A\sin B\sin C$ となることを証明せよ．

解 正弦定理 $2R=\dfrac{a}{\sin A}=\dfrac{b}{\sin B}=\dfrac{c}{\sin C}$ より

$$b=2R\sin B,\ \ c=2R\sin C$$

ゆえに，

$$S=\frac{1}{2}bc\sin A=\frac{1}{2}\cdot 2R\sin B\cdot 2R\sin C\cdot\sin A$$
$$=2R^2\sin A\sin B\sin C$$

39 データの整理 ★★★

度数分布表

階級値	x_1	x_2	x_3	…	…	x_n
度　数	f_1	f_2	f_3	…	…	f_n

について,

平均値 $\bar{x}=\dfrac{x_1f_1+x_2f_2+\cdots+x_nf_n}{f_1+f_2+\cdots+f_n}$

COMMENT　変量 x_1, x_2, …, x_N があるとき，平均値は $\bar{x}=\dfrac{x_1+x_2+\cdots+x_N}{N}$ である.

しかし，度数分布表では，階級値 x_i に属する度数は f_i であるから，この階級での変量の総和は，階級値に度数を掛けた x_if_i となり，それらの和として上の公式を得る.

参考　データの特徴を表す値として，平均値 $\bar{x}$ の他に，**中央値**（メジアン）M_e（大きさの順に並べたときの中央の順位にくる値），**最頻値**（モード）M_o（最大度数の階級値）がある.

例　次の度数分布表から，平均値 ＝ □ （点）.

得点（点）	1	2	3	4	5	6	7	8	9
人数（人）	1	1	2	3	5	6	8	3	1

解　$\bar{x}=\dfrac{1\times1+2\times1+3\times2+4\times3+5\times5+6\times6+7\times8+8\times3+9\times1}{1+1+2+3+5+6+8+3+1}$

$=\dfrac{1+2+6+12+25+36+56+24+9}{30}$

$=\dfrac{171}{30}=\mathbf{5.7}$（点）

40 箱ひげ図，外れ値 ★★★

データの分布を調べるために，最小値・最大値や四分位数等を表した図を**箱ひげ図**という．

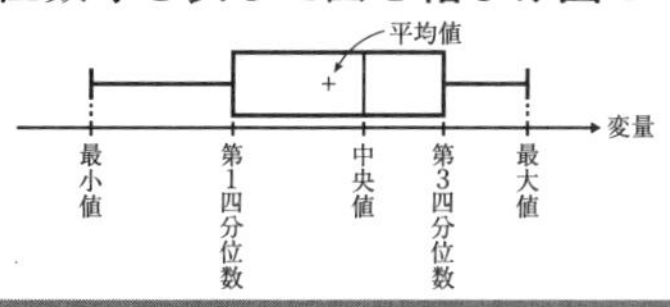

COMMENT データの最小値，最大値，**第1四分位数**，中央値（**第2四分位数**），**第3四分位数**をそれぞれ，L，M，Q_1，Q_2，Q_3 とおく．このとき，$d=M-L$ を範囲（レンジ），Q_3-Q_1 を**四分位範囲**，四分位範囲を2で割った値を**四分位偏差**という．

範囲
四分位範囲
L Q_1 Q_2 Q_3 M

注意 データの中に，他の値から極端にかけ離れた値が含まれているとき，これを**外れ値**という．たとえば次のような値を外れ値とする．

$\{Q_1-1.5\times(Q_3-Q_1)\}$ **以下の値**
$\{Q_3+1.5\times(Q_3-Q_1)\}$ **以上の値**

例 データ 9 15 3 7 30 20 0 6 10 8 では，中央値 = □，四分位範囲 = □，外れ値 = □，ただし，外れ値は上記の値とする．

解 10個のデータの値を小さい方から順に並べると，

0 3 ⑥ 7 8 9 10 ⑮ 20 30

中央値は $(8+9)\div2=$**8.5**，第1四分位数 Q_1 は6，第3四分位数 Q_3 は15，四分位範囲は $15-6=$**9**

$Q_1-1.5\times(Q_3-Q_1)=-7.5$，
$Q_3+1.5\times(Q_3-Q_1)=28.5$
より，**30** は外れ値である．

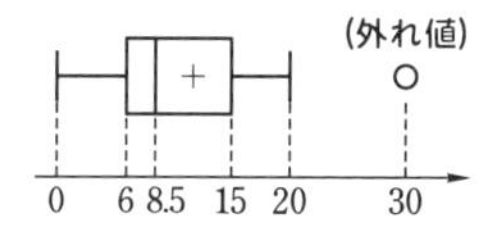

41　分散，標準偏差　★★★

(1)　N 個のデータの値を x_1, x_2, $\cdots$, x_N とし，その平均値を $\overline{x}$ とするとき，

$$s^2=\frac{1}{N}\left\{(x_1-\overline{x})^2+(x_2-\overline{x})^2+\cdots+(x_N-\overline{x})^2\right\}$$

を**分散**といい，その正の平方根 s を**標準偏差**という．

(2)　度数分布：$x_i \to f_i$ $(i=1, \cdots, n)$ が与えられたとき，$f_1+\cdots+f_n=N$ とおくと，分散は

$$s^2=\frac{1}{N}\left\{(x_1-\overline{x})^2f_1+(x_2-\overline{x})^2f_2+\cdots+(x_n-\overline{x})^2f_n\right\}$$

で与えられ，その正の平方根 s が標準偏差になる．

COMMENT　分散，または標準偏差は，値が大きいほど資料の散らばり具合が大きい．

(1)　$s^2=\dfrac{1}{N}\{(x_1^2-2x_1\overline{x}+\overline{x}^2)+\cdots+(x_N^2-2x_N\overline{x}+\overline{x}^2)\}$

$\quad =\dfrac{1}{N}\{(x_1^2+\cdots+x_N^2)-2\overline{x}(x_1+\cdots+x_N)+N\overline{x}^2\}$

より　$s^2=\dfrac{1}{N}(x_1^2+\cdots+x_N^2)-(\overline{x})^2$　となる．

(2)　(1)と同様に　$s^2=\dfrac{1}{N}(x_1^2f_1+\cdots+x_n^2f_n)-(\overline{x})^2$

注意　$s^2=$(2 乗の平均値)$-$(平均値の 2 乗)と覚えておくと便利．

例　5つのデータ 1，2，2，3，4 があるとき，
平均値 ＝ [　　]，分散 ＝ [　　] である．

解　平均値 $\overline{x}=(1+2+2+3+4)\div5=12\div5=\mathbf{2.4}$
2 乗の平均値 $=(1^2+2^2+2^2+3^2+4^2)\div5$
$=34\div5=6.8$
よって，分散 $s^2=6.8-(2.4)^2=6.8-5.76=\mathbf{1.04}$

42 相関係数 ★

2つの変量 x, y の値の組 $(x_1,\ y_1)$, $(x_2,\ y_2)$, …, $(x_N,\ y_N)$ に対して，x, y の平均値をそれぞれ $\overline{x}$, $\overline{y}$, 標準偏差をそれぞれ s_x, s_y とすると，

$$s_{xy}=\frac{1}{N}\{(x_1-\overline{x})(y_1-\overline{y})+\cdots+(x_N-\overline{x})(y_N-\overline{y})\}$$

を**共分散**という．

$$\boldsymbol{r}=\frac{s_{xy}}{s_x s_y}=\frac{1}{s_x s_y}\left\{\frac{1}{N}(x_1y_1+\cdots+x_Ny_N)-\overline{x}\,\overline{y}\right\}$$

（ただし，$-1\leqq r\leqq 1$）を x と y の**相関係数**という．

COMMENT 同じ集団のもつ2つの変量の関係を考えるとき，これを数値として表すのが相関係数であり，正の相関が強いほど r の値は1に近づき，負の相関が強いほど r の値は -1 に近づく．

注意 相関係数は外れ値の影響を受けやすい値である．また，2つの変量の間に相関関係があるからといって，必ずしも**因果関係**（一方が原因で他方が起こる関係）があるとはいえない．

例

x	1	3	-1	0	2
y	0	2	3	2	3

（変量 x, y が左の値をとる）

このとき，相関係数 $r=$ ［　　］ である．

解 x の平均値　$\overline{x}=1$, y の平均値　$\overline{y}=2$

分散 $s_x^2=(1^2+3^2+(-1)^2+2^2)\div 5-(\overline{x})^2=3-1^2=2$

分散 $s_y^2=(2^2+3^2+2^2+3^2)\div 5-(\overline{y})^2=5.2-2^2=1.2$

共分散 $s_{xy}=(6-3+6)\div 5-\overline{x}\,\overline{y}=1.8-2=-0.2$

$$r=\frac{-0.2}{\sqrt{2}\sqrt{1.2}}\fallingdotseq \mathbf{-0.13}$$

43 仮説検定の考え方 ★★

仮説検定の手順

(Ⅰ)　主張したい仮説 1 を立てる.
(Ⅱ)　仮説 1 を否定した仮説 2 を立てる.
(Ⅲ)　実験などを行い，仮説 2 が確率的に誤っているかどうかを判断する.

COMMENT　手順(Ⅲ)で仮説 2 が誤っていると判断された場合は，**仮説 1 が正しい**と判断できる．そうでない場合には，**仮説 1 が正しいかどうかはわからない**と判断する.

例　ある 1 枚のコイン A を 5 回投げたところ，すべて表が出た．コイン A は表と裏の出方に偏りがあると判断できるか．ただし，基準となる確率を 0.05 とする．次の表は表と裏の出方が同様に確からしいコイン 1 枚を 5 回投げる実験を 1000 セット行った結果である．これを用いよ.

表の枚数	0	1	2	3	4	5	計
セット数	30	159	314	311	152	34	1000

解　仮説 1　「コイン A は表と裏の出方に偏りがある」
仮説 2　「コイン A は表と裏の出る確率が 0.5 ずつである」表より，5 回続けて表が出る確率は $\frac{34}{1000}=0.034$ である．これは基準 0.05 よりも小さいので，仮説 2 は誤りである．したがって，仮説 1 は正しいと判断できるので，コイン A は表と裏の出方に偏りがあると**判断できる**.

44 集合の要素の個数 ★★

集合 A の要素の個数を $n(A)$ で表せば

$$\boldsymbol{n(A\cup B)}=n(A)+n(B)-n(A\cap B)$$

$$\boldsymbol{n(A\cup B\cup C)}=n(A)+n(B)+n(C)$$
$$-n(A\cap B)-n(B\cap C)-n(C\cap A)$$
$$+n(A\cap B\cap C)$$

COMMENT 第1の等式は**12**のベン図から容易であるから，第2の等式を説明しよう．

右のベン図で，$n(A)+n(B)+n(C)$ は $n(A\cap B)$，$n(B\cap C)$，$n(C\cap A)$ を2回ずつ数えていて，$n(A\cap B)+n(B\cap C)+n(C\cap A)$ は $n(A\cap B\cap C)$ を3回数えている．ゆえに，

$n(A)+n(B)+n(C)-\{n(A\cap B)+n(B\cap C)+n(C\cap A)\}$

は，$n(A\cap B\cap C)$ の部分だけを含んでいないので，これを加えて全体となる．

例 1から100までの整数のうちで，2または3で割り切れる数は［　　］個ある．

解 100以下の自然数のうち，k の倍数の集合を M_k で表すと

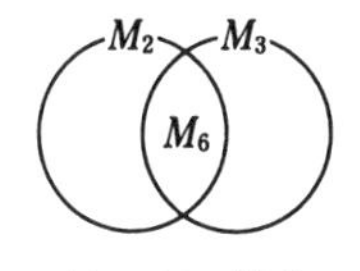

$n(M_2)=50$

$n(M_3)=33$

$n(M_2\cap M_3)=n(M_6)=16$

$n(M_2\cup M_3)$

$=n(M_2)+n(M_3)-n(M_6)=50+33-16=\mathbf{67}$ （個）

45 順列 ★★★

相異なる n 個から異なる r 個を選んで1列に並べる方法（順列）の数は

$$_{n}\mathrm{P}_{r}=n(n-1)\cdots(n-r+1)$$

とくに　$_{n}\mathrm{P}_{n}=n!=n(n-1)\cdots3\cdot2\cdot1$

COMMENT　1列に並べるときに，最初にくるものは，n 個のうちどれでもよいから n 通り．

そのおのおのに対して，次にくるものは，n 個のうちで最初に選んだもの以外の $(n-1)$ 個のうちどれでもよいから $(n-1)$ 通り．

以下同様に考えれば，積の法則で，結局 n から始めて1つずつ減らし，r 個の数を掛け合わせればよい．とくに，$r=n$ のときは n から1までのすべての積をつくることになり，これを n の**階乗**といい，$n!$ で表す．

参考　$_{n}\mathrm{P}_{r}=\dfrac{n!}{(n-r)!}$ と表してもよいが，$r=n$ のとき分母に $0!$ が現れる．$\mathbf{0!=1}$ と決められているので，$_{n}\mathrm{P}_{n}=n!$ の結果と矛盾しない．

例　0，1，2，3，4のうち異なる4個を使って4桁の整数は［　　　］個できる．

解　千の位の数字は0以外の4個．
千の位の数字が決まれば，そのおのおのに対して，それ以外の4個から3個を選んで後に並べればよいから

$$4\times{}_{4}\mathrm{P}_{3}=4\times4\times3\times2=\mathbf{96}\ （個）$$

46　条件のある順列　★

相異なる n 個を1列に並べるとき，特別な r 個を1かたまりにする並べ方は　$(n-r+1)!\times r!$

特別な r 個が互いに隣り合わない並べ方は

$$(n-r)!\times {}_{n-r+1}\mathrm{P}_r$$

COMMENT　特別な r 個が1かたまりのとき，このかたまりの中での並べ方が $r!$ 通り，そのおのおのに対して，このかたまり1個と，その他の $(n-r)$ 個，計 $(n-r+1)$ 個を1列に並べればよいから上の式を得る．

特別な r 個を隣り合わないように並べるには，まず残りの $(n-r)$ 個を1列に並べるのが $(n-r)!$ 通り，そのおのおのに対し，これら $(n-r)$ 個の間と前後で計 $(n-r+1)$ 個の場所から r 個の場所を選べばよい．

参考　$r=2$ のとき，後半の並べ方は「全体から隣り合う場合を引いたもの」と考えてもよい．

例　男子4人，女子3人，計7人が1列に並ぶとき，女子3人がいっしょに並ぶ場合は[　　]通りある．また，女子どうしが隣り合わない場合は[　　]通りある．

解

男子を●　女子を○

女子3人がいっしょに並ぶ

●●(○○○)●●

計5個を並べる

女子どうしが隣り合わない

( )●( )●( )●( )●( )

このうち3個の場所に女子を入れる

$(7-3+1)!\times3!=5!\times3!=120\times6=\mathbf{720}$（通り）

$(7-3)!\times{}_{7-3+1}\mathrm{P}_3=4!\times{}_5\mathrm{P}_3=24\times5\cdot4\cdot3=\mathbf{1440}$（通り）

47 同じものを含む順列 ★★

a が p 個，b が q 個，c が r 個あり，すべてを1列に並べる方法の数は

$$\frac{(p+q+r)!}{p!q!r!}$$

COMMENT 合計 $(p+q+r)$ 個あるから，これらがすべて異なれば，$(p+q+r)!$ 通りの並べ方がある．

p 個の a に a_1，a_2，…，a_p と区別があれば，この並べ方は $p!$ 通りだから，区別のない並べ方のおのおのに対して区別すれば $p!$ 倍の並べ方が生ずる．すなわち，p 個の同じ a があるときは，区別のある順列の数を $p!$ で割らなくてはならない．

同じことが他の文字にも成り立ち，b は q 個，c は r 個あるから，$q!$ と $r!$ で割る必要がある．

注意 上に述べたのは a，b，c の3文字の場合であるが，文字の種類が少なくなっても，多くなっても考え方は同じであるから同様の公式が成り立つ．とくに1個しかない文字に対しては $1!=1$ だから分母を考える必要はなく，重複している文字だけについて分母を考えればよい．

例 1，2，2，3，3，3，4，4，4，4の10個の数字をすべて並べると10桁の整数は［　　］個できる．

解 $\dfrac{10!}{2!\times3!\times4!}=\dfrac{10\times9\times8\times7\times6\times5}{2\times6}$

$=10\times9\times4\times7\times5$

$=200\times63=\mathbf{12600}$（個）

48 重複順列 ★

相異なる n 個のものから，重複を許して r 個取り出し 1 列に並べる方法の数は

$$_n\Pi_r = n^r$$

COMMENT 「重複を許して」とは，同じものを何回取り出してもかまわないということである．

相異なるものが n 個あるから，はじめに取り出すのはこの n 個のうちどれでもよいから n 通り．そのおのおのに対して，2 番目のものも n 個のうちどれでもよいから n 通りで，ここが順列 $_nP_r$ と異なる点である．

以下同様に，それぞれ n 通りの方法があるから

$$\underbrace{n \times n \times \cdots \times n}_{r\text{個}} = n^r$$

となり，これが**重複順列**の総数である．

注意 この記号の Π はギリシャ文字 π の大文字で「パイ」と発音する．n と r の大小については，$r \leqq n$ とは限らず，$r > n$ であってもよい．

例 ○または × を計 1 個から計 5 個並べたものを記号ということにすると，記号は □ 種類できる．

解 合計数 r $(1 \leqq r \leqq 5)$ を固定すれば，相異なる 2 つのものから重複を許して r 個取り出して並べたものだから，それらの和を考え

$$\begin{aligned} &{}_2\Pi_1 + {}_2\Pi_2 + {}_2\Pi_3 + {}_2\Pi_4 + {}_2\Pi_5 \\ &= 2^1 + 2^2 + 2^3 + 2^4 + 2^5 \\ &= 2 + 4 + 8 + 16 + 32 = \mathbf{62} \text{（種類）} \end{aligned}$$

49 円順列 ★★

> 相異なる n 個のものを，円形に並べる方法の数は
> $$(n-1)!$$

COMMENT 円形に並べられた順列をどこかで切ってまっすぐにすると1列の順列ができるが，円順列をどこで切るかによって，n 通りの1列の順列ができる．

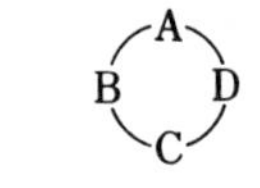

$$\Rightarrow \begin{cases} A-B-C-D \\ B-C-D-A \\ C-D-A-B \\ D-A-B-C \end{cases}$$

　すなわち，n 個の異なる1列の順列が1個の円順列に対応するので，円順列の数は1列の順列の数 $n!$ を n で割り

$$n! \div n = (n-1)!$$

となる．これが上の公式である．

注意　この円順列が，**首飾りや数珠のように裏返しができるとき**，裏返しにしたものと，もとのものは同じだから，その方法の数は

$$\frac{(n-1)!}{2}$$

例　7個の異なった色の玉がある．

(1)　これらの玉を1列に並べる方法は□通りある．

(2)　これらを円形に並べる方法は□通りある．

(3)　これらで首飾りを作る方法は□通りある．

解　(1)　$7! = \mathbf{5040}$（通り）

(2)　$(7-1)! = 6! = \mathbf{720}$（通り）

(3)　$\dfrac{(7-1)!}{2} = \mathbf{360}$（通り）

50　組合せ　★★★

相異なる n 個から異なる r 個を選ぶ方法（組合せ）の数は

$${}_n\mathrm{C}_r=\frac{{}_n\mathrm{P}_r}{r!}=\frac{n(n-1)\cdots(n-r+1)}{r!}=\frac{n!}{r!(n-r)!}$$

COMMENT　n 個のものから r 個を選ぶまでが組合せで，それを1列に並べてしまえば，順列になる．

組合せの方法が ${}_n\mathrm{C}_r$ 通りあり，そのおのおのに対してこの r 個の並べ方が $r!$ 通りあるから，積の法則で，順列の総数は　$\boldsymbol{{}_n\mathrm{P}_r={}_n\mathrm{C}_r\times r!}$

これが，上の公式の成り立つ理由である．

定義から明らかに $\boldsymbol{{}_n\mathrm{C}_0={}_n\mathrm{C}_n=1}$ である．

注意　${}_n\mathrm{C}_r=\dfrac{n!}{r!(n-r)!}$ であるが，r が n または0のときには，**45**の**参考**で述べたように，$0!=1$ とすればよい．

例　10人の生徒から7人を選ぶとき，次の数を求めよ．

(1)　特定の2人をともに含む方法は□通りある．

(2)　特定の2人のうち少なくとも1人を含む方法は□通りある．

解　(1)　残りの8人中5人を選べばよいから

$${}_8\mathrm{C}_5=\mathbf{56}\ \text{（通り）}$$

(2)　すべての選び方から，特定の2人を含まない選び方を引けばよいから

$${}_{10}\mathrm{C}_7-{}_8\mathrm{C}_7=120-8=\mathbf{112}\ \text{（通り）}$$

51 組合せの基本公式 ★★

(1)　$_{n}C_{r} = {}_{n}C_{n-r}$

(2)　$_{n}C_{r} = {}_{n-1}C_{r-1} + {}_{n-1}C_{r}$

COMMENT　この2つの公式を証明しておこう.

(1)　$_{n}C_{n-r} = \dfrac{n!}{(n-r)!\{n-(n-r)\}!} = \dfrac{n!}{r!(n-r)!} = {}_{n}C_{r}$

(2)　$_{n-1}C_{r-1} + {}_{n-1}C_{r}$

$$= \frac{(n-1)!}{(r-1)!\{(n-1)-(r-1)\}!} + \frac{(n-1)!}{r!\{(n-1)-r\}!}$$

$$= \frac{(n-1)!}{(r-1)!(n-r)!} + \frac{(n-1)!}{r!(n-r-1)!}$$

$$= \frac{(n-1)!}{(n-r)!r!} \times \{r+(n-r)\}$$

$$= \frac{(n-1)!}{(n-r)!r!} \times n = \frac{n!}{r!(n-r)!} = {}_{n}C_{r}$$

いずれも, 右辺から左辺を導いた.

使い方　(1)の公式は $r > n-r$ のときには $_{n}C_{r}$ よりも $_{n}C_{n-r}$ の方が計算が簡単だから,

$$_{10}C_{8} = {}_{10}C_{10-8} = {}_{10}C_{2} = 45$$

のように使えばよい.

例　等式 $_{n}C_{2} + {}_{n}C_{n-1} = 120$ をみたす自然数 n は $n =$ □ である.

解　公式(1)から　$_{n}C_{n-1} = {}_{n}C_{n-(n-1)} = {}_{n}C_{1}$

公式(2)から　$_{n}C_{2} + {}_{n}C_{n-1} = {}_{n}C_{2} + {}_{n}C_{1} = {}_{n+1}C_{2}$

$\therefore$　$_{n+1}C_{2} = 120$,　$\dfrac{(n+1)n}{2} = 120$,　$n^2 + n - 240 = 0$

$(n+16)(n-15) = 0$,　$n > 0$ より　$n = \mathbf{15}$

52　重複組合せ　★★

相異なる n 個から，重複を許して r 個取り出す組合せの数は

$${}_n\mathrm{H}_r = {}_{n+r-1}\mathrm{C}_r$$

COMMENT　4 個の数字 1，2，3，4 から重複を許して 3 個取り出す組合せの数 ${}_4\mathrm{H}_3$ を考えよう．

取り出した 3 つの数字を小さい順に横 1 列に並べ○で表し，各○がどの数字を表すかを示すために 3 本の｜で仕切る．

例えば，○○｜｜○｜は 1，1，3 を表し，｜｜○○｜○ は 3，3，4 を表す．このようにすると，${}_4\mathrm{H}_3$ は 3 個の○と 3 本の仕切り｜を 1 列に並べる順列の数に等しい．すなわち，異なる $6(=4+3-1)$ 個の場所から 3 個を選んで○にする組合せの数と考えられるので ${}_4\mathrm{H}_3={}_6\mathrm{C}_3=20$ になる．こうした考え方から上の公式が得られる．

注意　${}_n\mathrm{H}_r$ の n と r には大小関係がない．

例　区別のつかない 10 個の菓子を 3 人の子供に分ける方法は［　　　］通りある．ただし，どの子供も少なくとも 1 個はもらうこととする．

解　はじめから 1 個ずつ与えて，残りの 7 個を 3 人に与えればよい．異なるのは子供の方だから

$${}_3\mathrm{H}_7={}_{3+7-1}\mathrm{C}_7={}_9\mathrm{C}_7={}_9\mathrm{C}_2 \qquad \Leftarrow {}_n\mathrm{C}_r={}_n\mathrm{C}_{n-r}$$

$$=\frac{9\times 8}{2\times 1}=\mathbf{36}\ （通り）$$

数学A

53 組分け ★★

相異なる n 個のものを，それぞれ p 個，q 個，r 個 $(p+q+r=n)$ よりなるA組，B組，C組に分ける方法の数は

$$ {}_n\mathrm{C}_p \times {}_{n-p}\mathrm{C}_q = \frac{n!}{p!q!r!} $$

COMMENT まずA組の決め方が ${}_n\mathrm{C}_p$ 通り，そのおのおのに対してB組の決め方は，残りの $(n-p)$ 個から q 個を選ぶので ${}_{n-p}\mathrm{C}_q$ 通り，さらに残りはすべてC組に入れるから，求める場合の数は $n-p-q=r$ を使って

$$ {}_n\mathrm{C}_p \times {}_{n-p}\mathrm{C}_q = \frac{n!}{p!(n-p)!} \cdot \frac{(n-p)!}{q!(n-p-q)!} = \frac{n!}{p!q!r!} \text{（通り）} $$

あるいは，n 個を1列に並べ，A，B，Cをそれぞれ p，q，r 個並べたものを上に重ねると組分けが決まるので**47**を利用したと思ってもよい．

注意 以上は組に区別のある場合であるが，組に区別がないとき，個数の同じ組が k 組あれば，全体を $k!$ で割っておかなくてはならない．

例 相異なる9個のものを

(1) 3個ずつA，B，Cの3組に分ける方法は □ 通りある．

(2) 3個ずつ3つの組に分ける方法は □ 通りある．

解 (1) ${}_9\mathrm{C}_3 \times {}_6\mathrm{C}_3 = \frac{9\cdot8\cdot7}{3\cdot2\cdot1} \times \frac{6\cdot5\cdot4}{3\cdot2\cdot1} = 84 \times 20 = \mathbf{1680}$（通り）

(2) $\frac{{}_9\mathrm{C}_3 \times {}_6\mathrm{C}_3}{3!} = \frac{1680}{6} = \mathbf{280}$（通り）

54 最短経路問題 ★★

右図のように縦横の道路があり，AからBまでの最短経路の総数は，一般に縦がn区画，横がm区画あれば

$${}_{n+m}\mathrm{C}_n={}_{n+m}\mathrm{C}_m$$

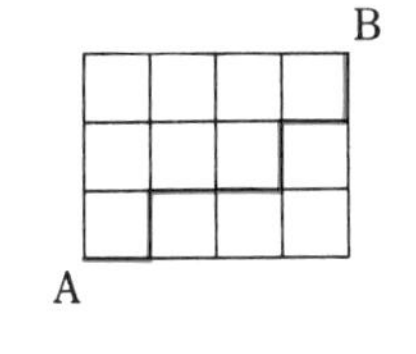

COMMENT この図では，縦が3区画，横が4区画で，縦をタ，横をヨで表すと，図に示された赤い道は

ヨタヨヨタヨタ

と表される．逆に，ヨを4個，タを3個並べた任意の順列があれば，それにしたがってヨタヨタと進むと，1つの最短経路ができる．

ヨを4個，タを3個並べるには，相異なる7つの場所からヨを4つ，またはタを3つ選べば順列が決まるから求める場合の数は　${}_7\mathrm{C}_4={}_7\mathrm{C}_3=35$（通り）

これを一般化したのが上の公式である．

注意 ${}_{n+m}\mathrm{C}_n={}_{n+m}\mathrm{C}_m$ は，**51**からもわかる．

例 右図のような道路がある．AからBへ行く最短経路のうち，Cを通らない経路は［　　］通りある．

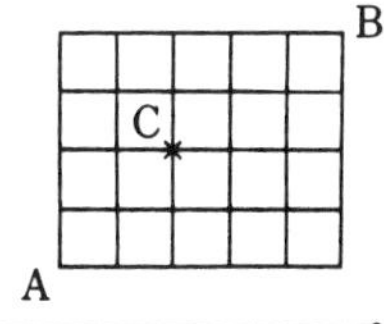

解 A→Bの経路の数から，A→C→Bとなる経路の数を引けばよい．

$${}_9\mathrm{C}_4-{}_4\mathrm{C}_2\times{}_5\mathrm{C}_2=126-6\times10$$
$$=126-60=\mathbf{66}\text{（通り）}$$

55 図形の個数 ★

互いに平行でない m 本の平行線と n 本の平行線によって，平行四辺形は ${}_m\mathrm{C}_2 \times {}_n\mathrm{C}_2$ 個できる．

平面上の n 個の点のうち r 個だけが同じ直線上にあり，他のどの 3 点をとっても同じ直線上にないとき，これらの点を頂点とする三角形は ${}_n\mathrm{C}_3 - {}_r\mathrm{C}_3$ 個できる．

COMMENT 平行四辺形を定めるには，対辺は互いに平行だから，2 組の平行線を定めればよい．それぞれの組から 2 本ずつ選べばよいから，その個数は ${}_m\mathrm{C}_2 \times {}_n\mathrm{C}_2$ となる．

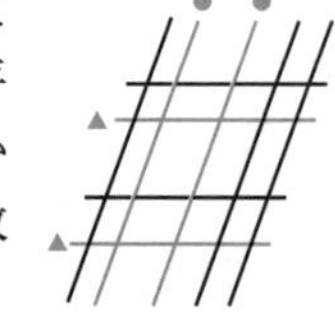

後半では，三角形を定めるには 3 点を選べばよいが，一直線上にある 3 点だけは三角形を作らないことから，その個数は ${}_n\mathrm{C}_3 - {}_r\mathrm{C}_3$ となる．

参考 n 本の直線がどの 2 本も平行でなく，そのうち r 本だけが点 P で交わり，他のどの 3 本も同一点で交わらない．このときできる三角形の個数も，${}_n\mathrm{C}_3 - {}_r\mathrm{C}_3$ 個である．

例　4 本の平行線が他の 5 本の平行線と交わっている．このとき，これらの平行線によってできる平行四辺形の個数は全部で ☐ 個である．

解　上図参照．

$$ {}_4\mathrm{C}_2 \times {}_5\mathrm{C}_2 = \frac{4 \cdot 3}{2 \cdot 1} \times \frac{5 \cdot 4}{2 \cdot 1} = 6 \times 10 = \mathbf{60} \text{（個）} $$

56 確率の定義 ★★★

ある試行の結果，起こり得る事象が n 個あり，その n 個のそれぞれが起こることが同程度に確からしいとする．この n 個のうち r 個について事象 A が起こるとき，

A の起こる確率を　$\boldsymbol{P(A)=\frac{r}{n}}$　と定める．

COMMENT 確率で使われる用語の意味を知っておこう．

試行 …… 同じ状態でくり返すことのできる実験．
事象 …… 試行の結果として生じたことがら．
根元事象 …… 上で述べた n 個のそれぞれの事象．
全事象 ……1つの試行について，根元事象全体．U で表す．

U，A に属する根元事象の数を $n(U)=n$，$n(A)=r$ とするとき，事象 A の起こる確率は　$P(A)=\frac{n(A)}{n(U)}=\frac{r}{n}$

注意 確率では，**すべてのものが相異なるとして**計算する．2つのサイコロについても，サイコロ A とサイコロ B は異なるもので，目の出方は 6^2 通りと考える．

例 2つのサイコロを振るとき，目の和が 5 となる確率は［　　　］である．

解 2つのサイコロを振るとき，場合の総数は 6^2 通り．このうち，和が 5 となるのは，(4, 1)，(3, 2)，(2, 3)，(1, 4) の 4 通りだから　$\frac{4}{6^2}=\frac{4}{36}=\boldsymbol{\frac{1}{9}}$

57 確率の基本性質 ★★

任意の事象 A に対して	$0 \leqq P(A) \leqq 1$
全事象 U に対して	$P(U)=1$
空事象 $\varnothing$ に対して	$P(\varnothing)=0$
A の余事象 $\overline{A}$ に対して	$P(\overline{A})=1-P(A)$

COMMENT すべて確率の定義から明らかであるが，余事象の公式を使うと便利な例をあげておこう．

「白球 3 個，赤球 7 個の入った袋から 4 個取り出し，少なくとも 1 個の白球を含む確率」を計算してみよう．

白球を少なくとも 1 個含むには，白 3 赤 1，白 2 赤 2，白 1 赤 3 の場合の確率をすべて加えて

$$\frac{{}_3C_3\times{}_7C_1+{}_3C_2\times{}_7C_2+{}_3C_1\times{}_7C_3}{{}_{10}C_4}=\frac{7+63+105}{210}=\frac{175}{210}=\frac{5}{6}$$

とするよりも，余事象（すべて赤球）を考えて

$$1-\frac{{}_7C_4}{{}_{10}C_4}=1-\frac{35}{210}=1-\frac{1}{6}=\frac{5}{6}$$

とする方が簡単で早い．

使い方 順列，組合せ，確率の問題で，「**少なくとも**」という言葉を見たら，上のように**余事象**で考えよう．

例　3 枚の硬貨を同時に投げるとき，少なくとも 1 枚が表である確率は［　　　］である．

解　「すべて裏」の余事象の確率として考える．場合の総数は 2^3 通りで，すべて裏はそのうちの 1 通りだから

$$1-\frac{1}{2^3}=1-\frac{1}{8}=\mathbf{\frac{7}{8}}$$

58　確率の一般の和の法則　★★

2つの事象 A, B について

$$P(A \cup B) = P(A) + P(B) - P(A \cap B)$$

COMMENT　集合の要素の個数について **44** では

$$n(A \cup B) = n(A) + n(B) - n(A \cap B)$$

を学んだ．この両辺を $n(U)$ で割ることにより

$$\frac{n(A \cup B)}{n(U)} = \frac{n(A)}{n(U)} + \frac{n(B)}{n(U)} - \frac{n(A \cap B)}{n(U)}$$

が得られ，確率の定義 **56** により，次の結果となる．

$$P(A \cup B) = P(A) + P(B) - P(A \cap B)$$

たとえば，ジョーカーを除く52枚のトランプから1枚抜いて，それがハートまたはクイーンである確率は

$$P = \frac{13}{52} + \frac{4}{52} - \frac{1}{52} = \frac{16}{52} = \frac{4}{13}$$

参 考　3つの事象についても，同様の理由で次の公式が成り立つ．

$$P(A \cup B \cup C) = P(A) + P(B) + P(C)$$
$$- P(A \cap B) - P(B \cap C) - P(C \cap A) + P(A \cap B \cap C)$$

例　$P(A)=0.5$, $P(B)=0.8$, $P(A \cap B)=0.4$ のとき，次の確率をそれぞれ求めよ．

(1)　$P(A \cup B) = \boxed{}$　　(2)　$P(A \cap \overline{B}) = \boxed{}$

解　(1)　$P(A \cup B) = P(A) + P(B) - P(A \cap B)$

$$= 0.5 + 0.8 - 0.4 = \mathbf{0.9}$$

(2)　$P(A \cap \overline{B}) = P(A) - P(A \cap B)$

$$= 0.5 - 0.4 = \mathbf{0.1}$$

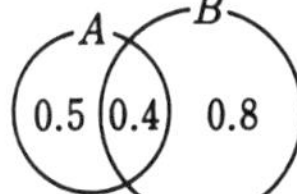

数学A

59 排反事象の和の法則 ★★

$A \cap B = \varnothing$，$B \cap C = \varnothing$，$C \cap A = \varnothing$ のとき

$$P(A \cup B \cup C) = P(A) + P(B) + P(C)$$

COMMENT $A \cap B = \varnothing$ とは，A と B とが同時に起こることがないことで，このとき，A と B とは互いに**排反事象**であるという．$P(A \cap B) = P(\varnothing) = 0$ であるから，58は

$$P(A \cup B) = P(A) + P(B)$$

となる．これは2つの事象が互いに排反であるときの和の法則であるが，これを3つの事象に拡張したもの（58の「参考」を参照せよ）が上の公式である．

一般に n 個の事象 $A_i (i=1,\ 2,\ \cdots,\ n)$ があって，そのどの2つも互いに排反であれば，次の式が成り立つ．

$$P(A_1 \cup A_2 \cup \cdots \cup A_n) = P(A_1) + P(A_2) + \cdots + P(A_n)$$

使い方 簡単な確率の計算なら，1個の分数の値を計算するだけで間に合うこともあるが，一般の確率計算の原理は，いくつかの排反事象に場合分けをして，それらの確率を計算して加え合わせることである．

例 赤玉5個，黒玉4個，白玉3個，計12個から3個取り出したとき，同色の3個が出る確率は $\boxed{}$ である．

解 場合の総数は ${}_{12}\mathrm{C}_3$ 通りで，このうちで同色3個とは，ともに赤玉，ともに黒玉，ともに白玉のいずれかで，これらは互いに排反だから

$$\frac{{}_5\mathrm{C}_3}{{}_{12}\mathrm{C}_3} + \frac{{}_4\mathrm{C}_3}{{}_{12}\mathrm{C}_3} + \frac{{}_3\mathrm{C}_3}{{}_{12}\mathrm{C}_3} = \frac{10+4+1}{220} = \frac{15}{220} = \boldsymbol{\frac{3}{44}}$$

60　独立な試行の確率　★★★

2つの試行 T_1, T_2 が独立であるとき，試行 T_1 で事象 A が起こり，試行 T_2 で事象 B が起こる確率は

$$P(A)\times P(B)$$

である．

COMMENT　たとえば，10本のくじの中に当たりくじが1本あり，甲，乙の2人が順にくじを1本ずつひくとする．

まず，甲が1本をひく試行を T_1，次に，甲がひいたくじを戻してから，乙がくじを1本ひく試行を T_2 とする．このとき，T_1 と T_2 は互いに何も影響を与えない．

このように，2つの試行があり，互いの結果が他に影響を与えないとき，2つの試行は**独立**であるという．

しかし，甲のひいたくじを戻さず，乙が残りの9本からくじをひくと，乙の結果は甲の結果に影響される．

このとき，T_1 と T_2 は独立ではない．

例　赤球3個，黒球4個が入っている袋から1個の球を取り出して，色を調べてからもとへ戻す．これを3回くり返したとき，順に赤球，赤球，黒球が出る確率は □ である．

解　1回目，2回目，3回目の試行はそれぞれ独立だから

$$\frac{3}{7}\times\frac{3}{7}\times\frac{4}{7}=\mathbf{\frac{36}{343}}$$

61 反復試行の確率 ★★★

1回の試行で起こる確率が p である事象 A が n 回の試行中ちょうど r 回起こる確率は

$${}_n\mathrm{C}_r p^r(1-p)^{n-r}$$

COMMENT 同じ条件のもとで，1つの試行をくり返す試行を**反復試行**という．

n 回中事象 A が r 回起こるのだから，起こったときを○，起こらなかったときを × で表せば，この結果は

○×○○×…○××

のように表され，このような並び方は，相異なる n 個の場所から r 個の○を選べば決まるから，${}_n\mathrm{C}_r$ 通りある．

また，このような配列の1つが起こる確率は，1つの○の起こる確率が p で，× の起こる確率は $1-p$，しかもそれぞれの試行は互いに独立だから，**60**により，その配列の起こる確率は $p^r(1-p)^{n-r}$ となり，これを ${}_n\mathrm{C}_r$ 倍したものとして，上の公式が得られる．

例　1個のサイコロを6回振るとき，1の目がちょうど1回出る確率は［　　］である．

解 上の公式で，次のように考えればよい．

$$n=6,\ \ r=1,\ \ p=\frac{1}{6},\ \ 1-p=\frac{5}{6}$$

$${}_6\mathrm{C}_1\left(\frac{1}{6}\right)^1\left(\frac{5}{6}\right)^5=6\times\frac{1}{6}\times\frac{5^5}{6^5}=\mathbf{\frac{3125}{7776}}$$

62 少なくとも1回起こる確率 ★

1回の試行で起こる確率が p の事象 A が，n 回の試行中，少なくとも1回起こる確率は

$$1-(1-p)^n$$

COMMENT　57の「使い方」で述べたように，**「少なくとも」という言葉があるので，余事象**で考える．

この場合の余事象は，n 回とも A が起こらないことになる．よって，60の公式より，その確率は $(1-p)^n$ となるので，上の公式を得る．

参考　さらに，A と排反な事象 B が1回の試行で起こる確率を q とすると「n 回の試行中，少なくとも1回は A が起こり，少なくとも1回は B も起こる確率」は，上の余事象の考えと和の法則から

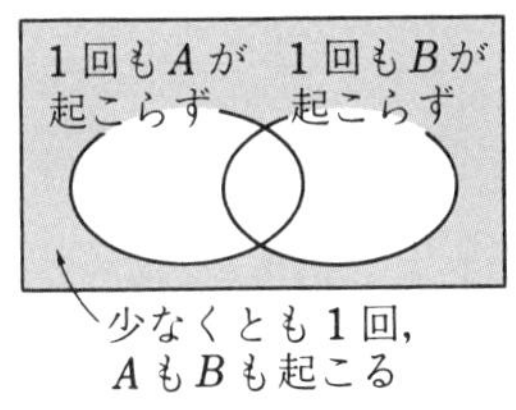

$$1-\{(1-p)^n+(1-q)^n-(1-p-q)^n\}$$

と一般化されるが，これは公式として記憶するよりも，成り立つ理由をベン図で考えた方がよい．

例　1つのサイコロを5回振るとき，1の目も6の目も少なくとも1回は出る確率は［　　］である．

解　参考 の公式で，$n=5$，$p=q=\frac{1}{6}$ とすればよい．

$$1-\left\{\left(\frac{5}{6}\right)^5+\left(\frac{5}{6}\right)^5-\left(\frac{2}{3}\right)^5\right\}=1-2\left(\frac{5}{6}\right)^5+\left(\frac{2}{3}\right)^5=\frac{\mathbf{425}}{\mathbf{1296}}$$

数学A

63 条件付き確率 ★★

事象 A が起こったときの事象 B の起こる条件付き確率は

$$P_A(B)=\frac{P(A\cap B)}{P(A)}$$

と表すことができる．これより，次の**確率の乗法定理**が得られる．

$$P(A\cap B)=P(A)\times P_A(B)$$

COMMENT　$A\cap\overline{B}$，$\overline{A}\cap B$，$\overline{A}\cap\overline{B}$，$A\cap B$ に属する場合の数をそれぞれ a，b，c，d とする（右図参照）と，確率の定義から

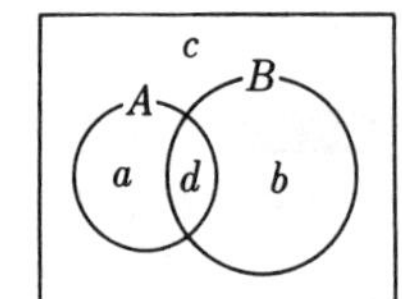

$P(A)=\dfrac{a+d}{a+b+c+d}$，

$P(A\cap B)=\dfrac{d}{a+b+c+d}$ となる．条件付き確率 $P_A(B)$ では，A に属する $(a+d)$ 個の中で，B に属するものを考えなくてはいけないから，$P_A(B)=\dfrac{d}{a+d}=\dfrac{P(A\cap B)}{P(A)}$．

例　あるコンサート会場の観客のうち，70％が女性であり，65％が 40 歳以下の女性である．女性の中から 1 人を選び出したとき，その人が 40 歳以下である確率は［　　　］である．

解　選び出された客が女性である事象を A，40 歳以下である事象を B とすると，

$P(A)=\dfrac{70}{100}$，$P(A\cap B)=\dfrac{65}{100}$ より $P_A(B)=\dfrac{65}{70}=\mathbf{\dfrac{13}{14}}$

64 ジャンケンの確率 ★

n 人が1回ジャンケンをしたとき，このうち r 人が勝って，$(n-r)$ 人が負ける確率は

$$\frac{{}_n\mathrm{C}_r}{3^{n-1}}$$

数学A

COMMENT ジャンケンでの場合の数のかぞえ方は，誰が何を出したかでかぞえる．場合の総数は，各人がそれぞれ3通り（グー，チョキ，パー）の出し方があるから 3^n 通り．r 人が勝つとき，n 人の中からこの r 人の選び方が ${}_n\mathrm{C}_r$ 通り．そのおのおのについて，何を出して勝ったかを考えれば3通り．以上で残りの $(n-r)$ 人もまた何を出して負けたかも確定するから，求める確率は

$$\frac{{}_n\mathrm{C}_r\times 3}{3^n}=\frac{{}_n\mathrm{C}_r}{3^{n-1}}$$

参考 n 人が1回ジャンケンをして，勝負のつかない（あいこになる）確率は

$$1-\frac{{}_n\mathrm{C}_1+{}_n\mathrm{C}_2+\cdots+{}_n\mathrm{C}_{n-1}}{3^{n-1}}=1-\frac{2^n-2}{3^{n-1}}$$

等式の結果は，**82**を参照すること．

例 3人がジャンケンをして，負けた人が抜け，勝った人だけでまたジャンケンをくり返す．2回で3人から2人，2人から1人となって優勝者の決まる確率は［　　　］である．

解 1回目は $n=3$，$r=2$，2回目は $n=2$，$r=1$ と考えて，

$$\frac{{}_3\mathrm{C}_2}{3^2}\times\frac{{}_2\mathrm{C}_1}{3^1}=\frac{1}{3}\times\frac{2}{3}=\mathbf{\frac{2}{9}}$$

65 確率の最大値 ★★

確率が n の式として p_n で与えられているとき，
p_n の最大値を求めるには

$\dfrac{p_{n+1}}{p_n}$ と1との大小をくらべよ.

COMMENT　p_n の最大値を求めるには，p_{n+1} と p_n の大小を調べればよい．p_n は積や商の形が多いので，差よりも比をとって調べるとよい．

$$n<n_0 \text{ で } \frac{p_{n+1}}{p_n}>1,\ n\geqq n_0 \text{ で } \frac{p_{n+1}}{p_n}<1 \text{ ならば}$$

$$p_1<p_2<\cdots<p_{n_0-1}<p_{n_0}>p_{n_0+1}>\cdots$$

となり，p_{n_0} が最大値である．

注意　問題によっては，$p_{n_0}=p_{n_0+1}$ のように，隣り合う2つの n の値で最大値をとることもある．

例　サイコロを15回振るとき，1の目が□回出る確率が最大である．

解　1の目が n 回出る確率を p_n とすると，反復試行の確率61より

$$p_n={}_{15}\mathrm{C}_n\left(\frac{1}{6}\right)^n\left(\frac{5}{6}\right)^{15-n}=\frac{15!}{n!(15-n)!}\cdot\frac{5^{15-n}}{6^{15}}$$

$$\frac{p_{n+1}}{p_n}=\frac{15!\cdot5^{14-n}}{(n+1)!(14-n)!6^{15}}\cdot\frac{n!(15-n)!6^{15}}{15!\cdot5^{15-n}}$$

$$=\frac{15-n}{5(n+1)}>(<)1$$

$$\Longleftrightarrow 15-n>(<)5n+5\Longleftrightarrow 10>(<)6n\Longleftrightarrow\frac{5}{3}>(<)n$$

よって，$p_1<p_2>p_3>\cdots$　ゆえに，**2回**

66 期待値 ★★★

1つの変量 X が x_1, x_2, …, x_n のどれか1つの値をとり，それらの値をとる確率がそれぞれ p_1, p_2, …, p_n のとき，変量 X の**期待値（または平均値）**は

$$E(X)=x_1p_1+x_2p_2+\cdots+x_np_n$$

COMMENT この X と確率との関係を示す一覧表

X	x_1	x_2	…	x_k	…	x_n	計
P	p_1	p_2	…	p_k	…	p_n	1

を**確率分布**または**確率分布表**という．上に述べたのは期待値の定義であって，期待値の問題では，まずこの一覧表をつくるか，または $k=1$, 2, …, n に対して k の関数として x_k と p_k を確定させなくてはならない．

確率分布表が正しいかどうかは

$$p_1+p_2+\cdots+p_n=1$$

の性質でチェックするのがよい．

注意 X が金額のときには，期待値の代わりに**期待金額**ということがある．

例 サイコロを1回振り，出た目の2乗を X とするとき，X の期待値は ☐ である．

解 確率分布は右表である．

X	1^2	2^2	3^2	4^2	5^2	6^2	計
P	$\frac{1}{6}$	$\frac{1}{6}$	$\frac{1}{6}$	$\frac{1}{6}$	$\frac{1}{6}$	$\frac{1}{6}$	1

よって，期待値は

$$\frac{1+4+9+16+25+36}{6}=\mathbf{\frac{91}{6}}$$

67 三角形の辺の長さ ★★★

三角形の3辺の長さを a, b, c とすると

$$|b-c|<a<b+c$$

COMMENT **三角形の2辺の和は他の1辺よりも大きい.** したがって，次の3式が成立する：

$a<b+c$ ……①

$b<a+c$ ……②

$c<a+b$ ……③

②から $b-c<a$, ③から $c-b<a$ なので，$|b-c|<a$

①と合わせて，まとめに述べた関係が得られる.

a, b, c については，三角形の3辺だから，もちろん $a>0$, $b>0$, $c>0$ の関係も必要である.

注意　$|b-c|<a<b+c$ の関係があれば，逆にこれから $a>0$, $b>0$, $c>0$, ①, ②, ③の関係が得られる．したがって，上に述べた関係は，

$\boldsymbol{|a-c|<b<a+c}$　または　$\boldsymbol{|a-b|<c<a+b}$

と表しても同じことである.

例　3つの実数 x, $x+3$, x^2 が三角形の3辺の長さとなるような実数 x の範囲は，$\square<x<\square$ である.

解　x は辺の長さなので $x>0$

どれを a と考えてもよいので，$x^2=a$ と考える.

$|(x+3)-x|<x^2<x+3+x \Longrightarrow 3<x^2<2x+3$

左の不等式から $x<-\sqrt{3}$ または $\sqrt{3}<x$

右の不等式から

$x^2-(2x+3)=(x-3)(x+1)<0$, $-1<x<3$

共通範囲を考えて，$\boldsymbol{\sqrt{3}<x<3}$

68 直角三角形 ★★★

∠C を直角とする △ABC で，C から AB におろした垂線の足を H とすると

(1) $\mathbf{AC^2+BC^2=AB^2}$

(2) $\mathbf{AC^2=AH\cdot AB}$，$\mathbf{BC^2=BH\cdot BA}$

$\mathbf{CH^2=AH\cdot HB}$

COMMENT (1)は三平方の定理である．

(2)は △ACB∽△AHC から

$AC:AB=AH:AC$

$\therefore\ AC^2=AH\cdot AB$

△BCA∽△BHC から

$BC:BA=BH:BC \quad \therefore\ BC^2=BH\cdot BA$

△AHC∽△CHB から

$AH:HC=CH:HB \quad \therefore\ CH^2=AH\cdot HB$

注意 ∠C＝90° より，**AB を直径とする円周上に C がある．** したがって，AB の中点を M とすれば，AM＝BM＝CM となることも再確認しておこう．

例 右図で，三平方の定理を使って，垂線の長さ h を a，b，c で表せば，$h=$ ☐ である．

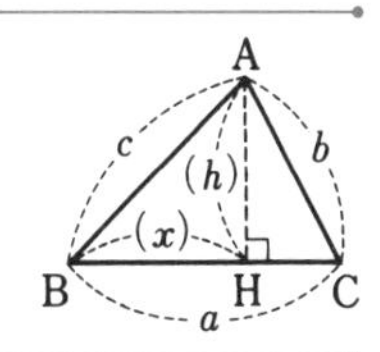

解 BH＝x とおくと

$$x^2+h^2=c^2,\ (a-x)^2+h^2=b^2$$

$$\therefore\ h^2=c^2-x^2=b^2-(a-x)^2=b^2-a^2+2ax-x^2$$

$$x=\frac{c^2+a^2-b^2}{2a},\ h=\sqrt{c^2-x^2}=\sqrt{\boldsymbol{c^2-\left(\frac{c^2+a^2-b^2}{2a}\right)^2}}$$

69 中線定理 ★★

△ABC で，BC の中点を M とすると

$$\mathbf{AB^2+AC^2=2(AM^2+BM^2)}$$

COMMENT A から BC におろした垂線の足を H とすると

AB^2+AC^2
$=(AH^2+BH^2)+(AH^2+HC^2)$
$=2AH^2+(BM-HM)^2+(CM+HM)^2$ …◎
$=2AH^2+(BM-HM)^2+(BM+HM)^2$
$=2AH^2+2BM^2+2HM^2=2\{(AH^2+HM^2)+BM^2\}$
$=2(AM^2+BM^2)$

注意 この証明において，もしも AB>AC ならば，◎の第 2 項と第 3 項で − と + の符号を入れかえなくてはならない．

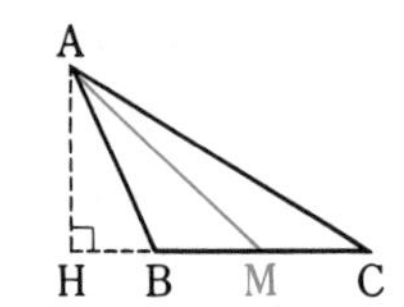

また，右図のようなときには，BH＝BM−HM ではなくて，BH＝HM−BM と考えなくてはならないが，2 乗すれば同じことであるから，上の証明はそのまま成立する．

例 △ABC で，辺 BC の 3 等分点を順に D，E とするとき，AB＝6，AD＝4，AE＝3 であった．このとき，AC＝［　　］である．

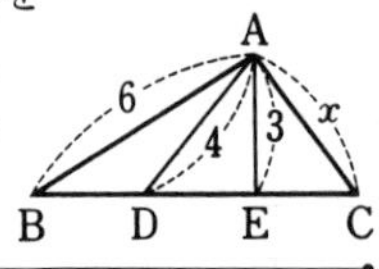

解 BD＝DE＝EC＝k とおく．中線定理から
$AB^2+AE^2=2(AD^2+k^2)$，$AD^2+AC^2=2(AE^2+k^2)$
辺々引いて $AB^2+3AE^2-3AD^2-AC^2=0$
$36+27-48-x^2=0$，$x^2=15$　　∴　AC＝$\mathbf{\sqrt{15}}$

70　角の2等分線と比　★★★

△ABCの辺BC上の点Dに対し

ADは∠Aの2等分線 ⟺ BD：DC＝AB：AC

△ABCの辺BCの延長上の点Eに対し

AEは∠Aの外角の2等分線

⟺ BE：EC＝AB：AC

数学A

COMMENT　Cを通るDAの平行線とBAの延長との交点をFとすると

BD：DC

＝BA：AF

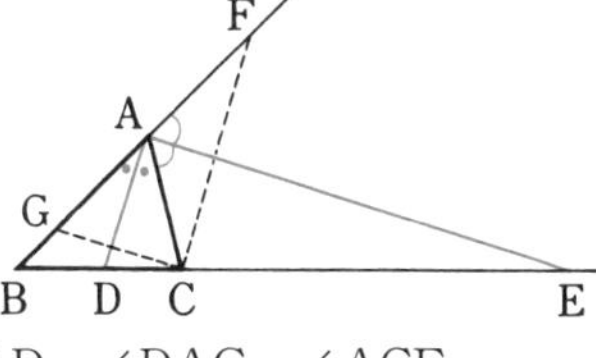

ここで，∠AFC＝∠BAD＝∠DAC＝∠ACF

∴　AF＝AC　よって，BD：DC＝AB：AC

次に，Cを通るEAの平行線とBAとの交点をGとすると，BE：EC＝BA：AG

ここで，∠AGC＝∠FAE＝∠EAC＝∠ACG

∴　AG＝AC　よって，BE：EC＝AB：AC

注意　点DとEは，線分BCをAB：ACにそれぞれ内分，および外分する点である．

例　△ABCで，AB＝5，AC＝4，∠A＝60°のとき，∠Aの2等分線とBCとの交点をDとすれば，BD＝［　　］である．

解　**33**の余弦定理から

$BC^2=5^2+4^2-2\cdot5\cdot4\cos60°=25+16-20=21$

$\therefore\quad BC=\sqrt{21}$

$$BD=BC\times\frac{AB}{AB+AC}=\sqrt{21}\times\frac{5}{5+4}=\boldsymbol{\frac{5\sqrt{21}}{9}}$$

71 メネラウスの定理 ★★

△ABC の頂点を通らない直線 l と，3 辺 BC，CA，AB またはその延長との交点をそれぞれ P，Q，R とすれば

$$\frac{BP}{PC}\cdot\frac{CQ}{QA}\cdot\frac{AR}{RB}=1$$

COMMENT AB 上に $l /\!/ CD$ となる点 D をとると

$$\frac{BP}{PC}=\frac{BR}{DR},\quad \frac{CQ}{QA}=\frac{DR}{AR}$$

$$\therefore\quad \frac{BP}{PC}\cdot\frac{CQ}{QA}\cdot\frac{AR}{RB}$$

$$=\frac{BR}{DR}\cdot\frac{DR}{AR}\cdot\frac{AR}{RB}=1$$

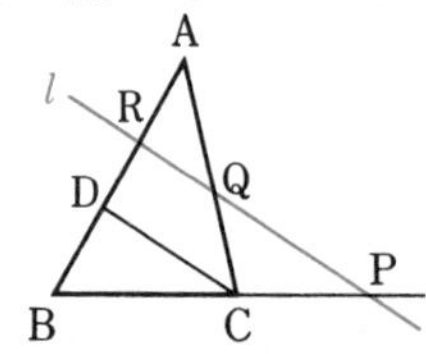

逆に，BC，CA，AB 上にそれぞれ点 P，Q，R をとり**上の等式が成り立てば，3 点 P，Q，R は一直線上にある．**

覚え方 辺 BC またはその延長上に P があるとき $\frac{BP}{PC}$ と，B，C を斜めにおいて P をはさむ．次は $\frac{CQ}{QA}$ と B→C→A→B　と 1 順するように 3 項を並べる．

例 　右図で，AF＝1，FC＝3，DB＝4，BC＝3 のとき

AE：EB＝□：□

である．

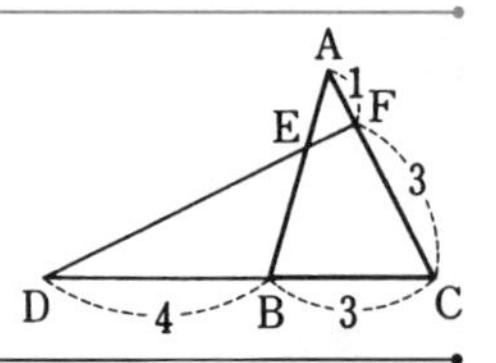

解 △ ABC と直線 DEF にメネラウスの定理を使い

$$\frac{BD}{DC}\cdot\frac{CF}{FA}\cdot\frac{AE}{EB}=\frac{4}{7}\cdot\frac{3}{1}\cdot\frac{AE}{EB}=\frac{12}{7}\cdot\frac{AE}{EB}=1$$

∴　AE：EB＝**7：12**

72 チェバの定理 ★★

△ABC の辺またはその延長上にない点を O とする．3 直線 OA，OB，OC と対辺またはその延長との交点をそれぞれ P，Q，R とすると

$$\frac{BP}{PC}\cdot\frac{CQ}{QA}\cdot\frac{AR}{RB}=1$$

数学A

COMMENT メネラウスの定理を 2 度使う．

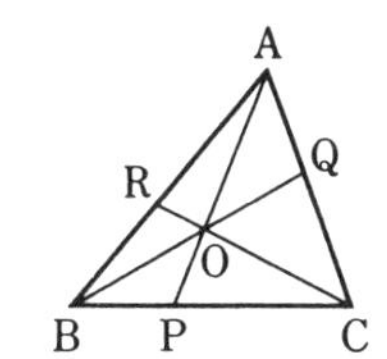

△ABP と直線 ROC に使って

$$\frac{AR}{RB}\cdot\frac{BC}{CP}\cdot\frac{PO}{OA}=1\cdots\cdots①$$

△APC と直線 BOQ に使って

$$\frac{AO}{OP}\cdot\frac{PB}{BC}\cdot\frac{CQ}{QA}=1\cdots\cdots②$$

①と②を掛け合わせて，

$$\frac{BP}{PC}\cdot\frac{CQ}{QA}\cdot\frac{AR}{RB}=1$$

例　右上の図で

AR：RB＝3：2，AQ：QC＝1：1

のとき，BP：PC＝［　　］：［　　］である．

解　チェバの定理から

$$\frac{BP}{PC}\cdot\frac{CQ}{QA}\cdot\frac{AR}{RB}$$

$$=\frac{BP}{PC}\cdot\frac{1}{1}\cdot\frac{3}{2}=\frac{3}{2}\cdot\frac{BP}{PC}=1$$

∴　BP：PC＝**2：3**

73 円周角と中心角 ★★★

1つの弧に対する円周角の大きさは**一定**であり，その弧に対する**中心角の半分**である．

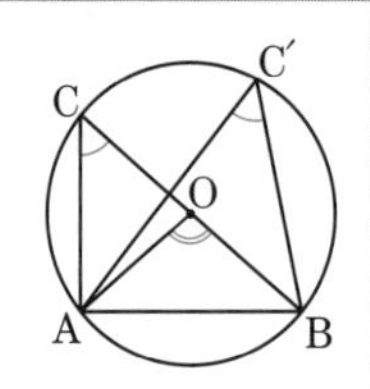

COMMENT この他に，**接弦定理**：「円の接線とその接点を通る弦がつくる角は，その角の内部にある弧に対する円周角に等しい」や，

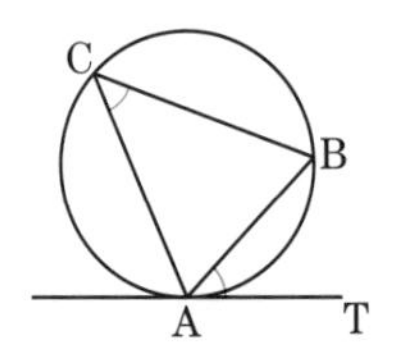

「円に内接する四角形の対角の和は 180° である」

「円に外接する四角形の対辺の和は等しい」

なども知っておきたい．

注意 円周角と中心角は，中学校で学んだ内容である．これから導かれる **COMMENT** の内容は，中学校の教科書では発展の扱いになっているが，正式には高校で学ぶ新知識となる．まとめて理解しよう．

例 右の半円内の図形について

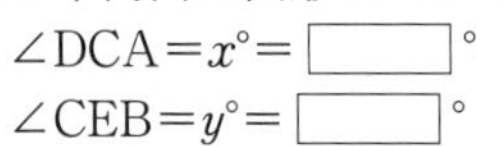

$\angle \mathrm{DCA}=x^\circ=$ □ °

$\angle \mathrm{CEB}=y^\circ=$ □ °

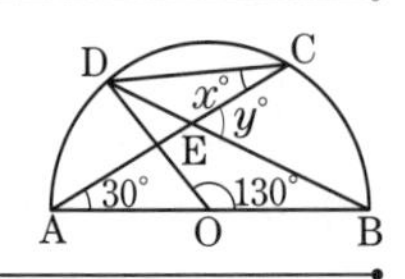

解

$$x^\circ=\frac{1}{2}\angle \mathrm{DOA}=\frac{1}{2}(180^\circ-130^\circ)=\mathbf{25}^\circ$$

$$\begin{aligned} y^\circ &= \angle \mathrm{DBA}+\angle \mathrm{BAC} \\ &= x^\circ+30^\circ=25^\circ+30^\circ=\mathbf{55}^\circ \end{aligned}$$

74 2つの円 ★

半径 r_1, r_2 の2つの円の中心距離が d のとき，共通接線の長さは

共通外接線なら $\sqrt{d^2-(r_1-r_2)^2}$

共通内接線なら $\sqrt{d^2-(r_1+r_2)^2}$

COMMENT まず, 2円の位置関係は次の5種である.

(1) **2円が離れている** $\iff$ $r_1+r_2<d$

(2) **2円が外接する** $\iff$ $r_1+r_2=d$

(3) **2円が交わる** $\iff$ $|r_1-r_2|<d<r_1+r_2$

(4) **2円が内接する** $\iff$ $|r_1-r_2|=d$

(5) **1円が他の円の内側** $\iff$ $d<|r_1-r_2|$

以上のことは，図をかいて確かめておこう.

共通外接線と共通内接線の区別とそれらの長さの求め方については，右図を参照して頂きたい．長さを求める基本は，三平方の定理である.

共通外接線

共通内接線

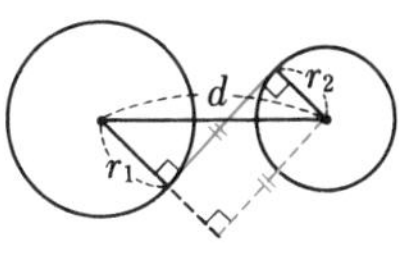

注意 2円の位置関係の中で，共通外接線が現れるのは(1)〜(4)で，共通内接線は(1)，(2)に現れる.

例 半径3と2の2円の共通外接線の長さが，共通内接線の長さの2倍のとき，この2円の中心間の距離 d は ☐ である.

解 題意より $\sqrt{d^2-(3-2)^2}=2\sqrt{d^2-(3+2)^2}$

$$\sqrt{d^2-1}=2\sqrt{d^2-25},\quad d^2-1=4(d^2-25)$$

$$d^2-1=4d^2-100,\quad 3d^2=99,\quad d^2=33,\quad d=\boldsymbol{\sqrt{33}}$$

75　方べきの定理　★★★

2線分AB，CDまたはそれぞれの延長が点Pで交わるとき

4点A，B，C，Dが同一円周上にある

$\Longleftrightarrow$ **PA·PB＝PC·PD**

COMMENT　4点が同一円周上にあれば　∠PBC＝∠PDA（円周角）

また，∠CPB＝∠APD（共通）

∴　△PBC∽△PDA

PB：PC＝PD：PA

これより，PA·PB＝PC·PD

逆も明らかである．

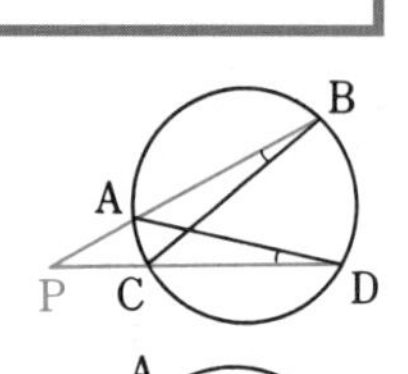

注意　とくに，CとDが一致してTになっても，上の証明はほとんど変わらない．このとき，三平方の定理から

$$\mathrm{PA}\cdot\mathrm{PB}=\mathrm{PT}^2=\mathrm{OP}^2-r^2$$

ただし，Oは円の中心，rは円の半径で，Pについてこの定まった量OP^2-r^2を，円のPに関する**方べき**という．

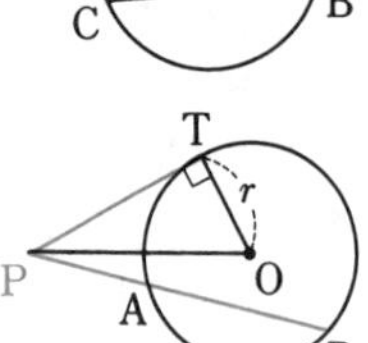

例　半径2の円の外部の点Pを通る2本の直線と，円との交点をそれぞれA，B，C，Dとすると，CDは中心Oを通り，AB＝PA，CD＝2PCであった．このとき，AB＝$\sqrt{\boxed{}}$である．

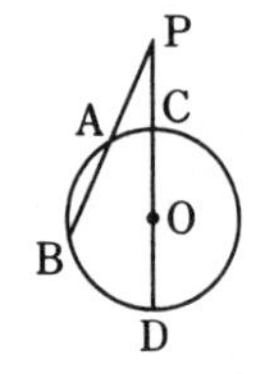

解　半径2だから，CD＝4，CD＝2PCからPC＝2

方べきの定理：PA·PB＝PC·PD

すなわち$2\mathrm{PA}^2=2\times6$，$\mathrm{PA}^2=6$，AB＝PA＝$\boldsymbol{\sqrt{6}}$

76 円と比例 ★

△ABC の ∠A の 2 等分線が辺 BC と交わる点を D，外接円と交わる点を E とし，A から BC にひいた垂線の足を H，外接円の直径を AK とすると

$$\mathbf{AB\cdot AC=AD\cdot AE=AD^2+BD\cdot DC}$$
$$\mathbf{=AH\cdot AK}$$

COMMENT 前半と後半に分けて証明しよう．∠AEB＝∠ACD（円周角）

2 角が等しいから，△AEB∽△ACD

∴　AE：AB＝AC：AD

$AB\cdot AC=AD\cdot AE=AD(AD+DE)$

$=AD^2+AD\cdot DE=AD^2+BD\cdot DC$　⇐**方べきの定理**

AK は直径だから ∠ABK＝90°＝∠AHC

∠AKB＝∠ACH（円周角）

2 角が等しいから，△AKB∽△ACH

AK：AB＝AC：AH

∴　$AB\cdot AC=AH\cdot AK$

参考 円については，次の**トレミーの定理**も有名である．四角形 ABCD が円に内接

⟺ $AB\cdot CD+AD\cdot BC=AC\cdot BD$

例　△ABC で AB＝4，AC＝5，BC＝6 のとき，∠A の 2 等分線と BC との交点を D とすると，

AD＝［　　　］である．

解 **70**より

$BD=BC\times\dfrac{AB}{AB+AC}=6\times\dfrac{4}{9}=\dfrac{8}{3}$，$DC=BC-BD=\dfrac{10}{3}$

$AB\cdot AC=AD^2+BD\cdot DC$ から

$4\times5=AD^2+\dfrac{80}{9}$，$AD=\sqrt{20-\dfrac{80}{9}}=\mathbf{\dfrac{10}{3}}$

77 作図 ★

△ABC と辺 BC 上の点 P が与えられているとき，点 P を通り，△ABC の面積を 2 等分する直線は，次のように作図できる.

①辺 BC の中点 M をとる.
②点 M を通り直線 AP に平行な直線を引き，それと辺 AB との交点を Q とする.
③点 P と点 Q を結んだ直線 PQ が求める直線である.

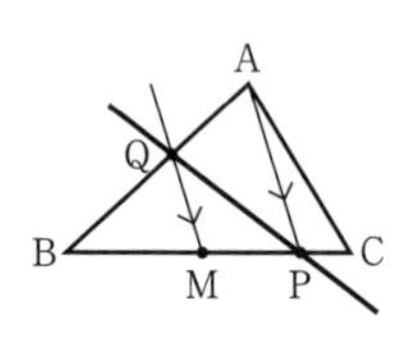

COMMENT 証明：AP∥QM なので，△QMA と △QMP の面積は等しい．よって，

△ABM＝△QBM＋△QMA
　　　＝△QBM＋△QMP
　　　＝△QBP

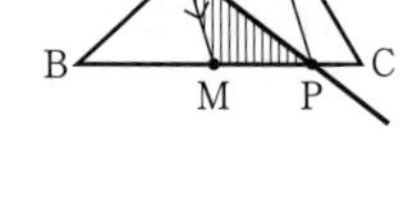

△ABM の面積は △ABC の面積の半分であるから，直線 PQ は △ABC の面積を 2 等分する.

例 線分 AB を 3：2 に内分する点を作図せよ.

解 作図：① A を通り，直線 AB と異なる半直線 l を引く.
② l 上に $AP_1=P_1P_2=P_2P_3=P_3P_4=P_4P_5$ となる点 P_1，P_2，P_3，P_4，P_5 をとる.
③点 P_3 を通り P_5B に平行な直線を引き，AB との交点を C とすれば，C が求める内分点である.
証明：　$P_3C∥P_5B$ なので
　　$AC：CB=AP_3：P_3P_5=3：2$ になる.

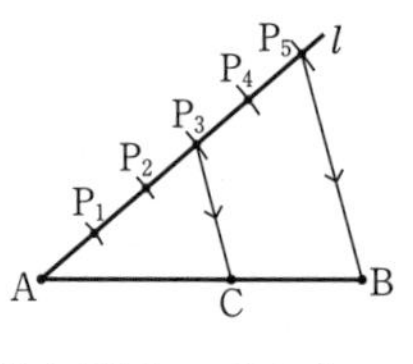

78 空間図形 ★

αを平面とし，Pを平面α上にない点とする．また，lを平面α上の直線とし，Aを直線l上の点，Oを平面α上にあり直線l上にない点とする．このとき，次の**三垂線の定理**が成り立つ．

(1) $PO\perp\alpha$，$OA\perp l$
$\Longrightarrow$ **$PA\perp l$**

(2) $PO\perp\alpha$，$PA\perp l$
$\Longrightarrow$ **$OA\perp l$**

(3) $PA\perp l$，$OA\perp l$，$PO\perp AO$ $\Longrightarrow$ **$PO\perp\alpha$**

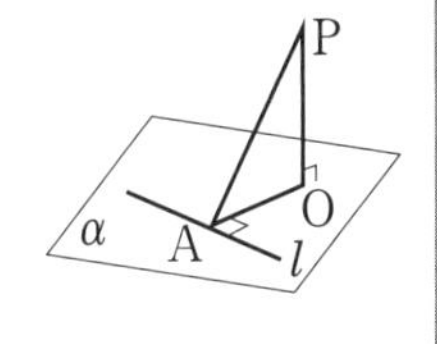

COMMENT 直線lは平面α上にあるので，$PO\perp\alpha$より$PO\perp l$である．よって，lは交わる2直線PO，OAに垂直であるから，これらが定める平面AOPに垂直になる．PAは平面AOP上にあるから$PA\perp l$となり，三垂線の定理の(1)が成り立つ．

注意 空間における2直線l，mのなす角が90°であるとき，lとmは垂直であるといい$l\perp m$と書く．垂直な2直線が交わるとき，それらは直交するという．

例 四面体ABCDの頂点Aから平面BCDに下ろした垂線をAH，Aから辺BCに下ろした垂線をAPとするとき，［ ア ］の定理よりHPとBCのなす角は［ イ ］°になる．

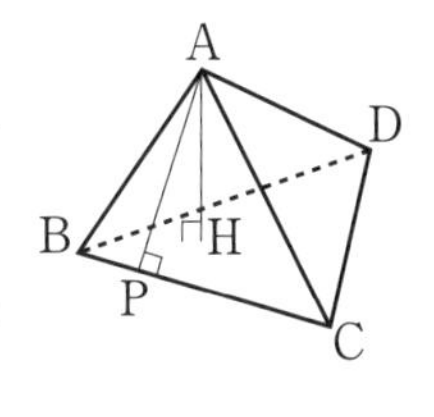

解 ア **三垂線**　イ **90**

79 整式の除法 ★★★

整式 A を 0 でない整式 B で割ったときの商を Q, 余りを R とすると

$$A=BQ+R,\quad R\text{の次数}<B\text{の次数}$$

が成り立つ.

とくに $R=0$ のとき, A は B で割り切れ, B は A の因数になる.

COMMENT たとえば, 整式 $A=6x^3-x^2-4x+3$ を整式 $B=2x^2+x-3$ で割ったときの商と余りは次の計算で求められる.

$$\begin{array}{r@{}l} & \quad 3x-2 \\ 2x^2+x-3 \,) & \,6x^3-x^2-4x+3 \\ & \,6x^3+3x^2-9x \\ \hline & \quad -4x^2+5x+3 \\ & \quad -4x^2-2x+6 \\ \hline & \qquad\quad 7x-3 \end{array}$$

このとき, 商は $3x-2$, 余りは $7x-3$ であり

$$A=(2x^2+x-3)(3x-2)+7x-3$$

が成り立つ.

注意 割る式も割られる式も, 文字 x について降べきの順に整理してから計算する.

例 整式 $A=2+5x^2+2x^3$ を整式 $B=x^2-3$ で割ると, 商 = □, 余り = □ である.

解 降べきの順に整理してから計算すると,
商は **$2x+5$**
余りは **$6x+17$**
になる.

$$\begin{array}{r@{}l} & \quad 2x+5 \\ x^2-3 \,) & \,2x^3+5x^2\qquad\;+2 \\ & \,2x^3\qquad\;-6x \\ \hline & \qquad 5x^2+6x+2 \\ & \qquad 5x^2\qquad -15 \\ \hline & \qquad\qquad 6x+17 \end{array}$$

数学Ⅱ

80 分数式の計算 ★★★

整式 A, B, C, D に対して

加法　$\dfrac{A}{B}+\dfrac{C}{D}=\dfrac{AD+BC}{BD}$　減法　$\dfrac{A}{B}-\dfrac{C}{D}=\dfrac{AD-BC}{BD}$

乗法　$\dfrac{A}{B}\times\dfrac{C}{D}=\dfrac{AC}{BD}$　除法　$\dfrac{A}{B}\div\dfrac{C}{D}=\dfrac{AD}{BC}$

ただし，B と D は1次以上の整式とする．

COMMENT 分母や分子に分数式を含む式については整理してから除法のルールを用いる．たとえば，

$$P=\frac{1+\frac{2}{x}}{1-\frac{4}{x^2}}=\left(1+\frac{2}{x}\right)\div\left(1-\frac{4}{x^2}\right)=\frac{x+2}{x}\div\frac{x^2-4}{x^2}$$

$$=\frac{x+2}{x}\times\frac{x^2}{(x+2)(x-2)}=\frac{x}{x-2}$$

となる．あるいは，P の分母と分子に x^2 を掛けて

$$P=\frac{\left(1+\frac{2}{x}\right)\times x^2}{\left(1-\frac{4}{x^2}\right)\times x^2}=\frac{x^2+2x}{x^2-4}=\frac{x(x+2)}{(x+2)(x-2)}=\frac{x}{x-2}$$

として計算することもできる．

注意 分母と分子に共通な因数がある場合には，約分を忘れないこと．

例 $P=\dfrac{x-1}{x^2+x}-\dfrac{3}{x^2-3x}=\dfrac{\boxed{}}{\boxed{}}$ となる．

解 $P=\dfrac{x-1}{x(x+1)}-\dfrac{3}{x(x-3)}=\dfrac{(x-1)(x-3)-3(x+1)}{x(x+1)(x-3)}$

$$=\frac{x^2-7x}{x(x+1)(x-3)}=\frac{x(x-7)}{x(x+1)(x-3)}=\boldsymbol{\frac{x-7}{(x+1)(x-3)}}$$

数学Ⅱ

81 二項定理 ★★★

$(a+b)^n={}_n\mathrm{C}_0a^n+{}_n\mathrm{C}_1a^{n-1}b+{}_n\mathrm{C}_2a^{n-2}b^2+\cdots+{}_n\mathrm{C}_nb^n$
一般項は ${}_n\mathrm{C}_ra^{n-r}b^r$　$(r=0,\ 1,\ 2,\ \cdots,\ n)$

COMMENT 次の展開を考える.

$$(a+b)^n=\underbrace{(a+b)(a+b)(a+b)\cdots(a+b)}_{n\text{個}}$$

展開したときの $a^{n-r}b^r$ の個数は，n 個のカッコの中から r 個選んでそれを b とし，残りを a とすればよいから，${}_n\mathrm{C}_r$ 個で，これが $a^{n-r}b^r$ の係数である.

注意 ${}_n\mathrm{C}_r={}_n\mathrm{C}_{n-r}$ であるから，二項定理の一般項は ${}_n\mathrm{C}_{n-r}a^{n-r}b^r$ でもよく，また，$n-r$ と r との役割りを交換すれば，一般項は ${}_n\mathrm{C}_ra^rb^{n-r}$ としてもよい.

例 $\left(3x^2-\dfrac{2}{x}\right)^6$ の展開式で，x^3 の係数は ☐ である.

解 一般項は

$${}_6\mathrm{C}_r(3x^2)^{6-r}\left(-\frac{2}{x}\right)^r={}_6\mathrm{C}_r3^{6-r}(-2)^r(x^2)^{6-r}(x^{-1})^r$$

ここで $(x^2)^{6-r}\cdot(x^{-1})^r=x^{12-2r}x^{-r}=x^{12-3r}$ であるから $12-3r=3$ を考えればよく，$9=3r$ から
$r=3$
よって求める係数は ${}_6\mathrm{C}_r3^{6-r}(-2)^r$ で $r=3$ として

$${}_6\mathrm{C}_3\cdot3^3\cdot(-2)^3=20\cdot27\cdot(-8)=\mathbf{-4320}$$

82 二項係数 ★★

$$ {}_n\mathrm{C}_0+{}_n\mathrm{C}_1+{}_n\mathrm{C}_2+\cdots+{}_n\mathrm{C}_n=2^n $$
$$ {}_n\mathrm{C}_0-{}_n\mathrm{C}_1+{}_n\mathrm{C}_2-\cdots+(-1)^n{}_n\mathrm{C}_n=0 $$

COMMENT　$(a+b)^n$ の展開係数 ${}_n\mathrm{C}_0$，${}_n\mathrm{C}_1$，${}_n\mathrm{C}_2$，…，${}_n\mathrm{C}_n$ を**二項係数**という．

$(a+b)$，$(a+b)^2$，$(a+b)^3$，$(a+b)^4$，$(a+b)^5$，…

の展開係数を調べると

$n=1$	${}_1\mathrm{C}_0$ ${}_1\mathrm{C}_1$		1　1
$n=2$	${}_2\mathrm{C}_0$ ${}_2\mathrm{C}_1$ ${}_2\mathrm{C}_2$		1　2　1
$n=3$	${}_3\mathrm{C}_0$ ${}_3\mathrm{C}_1$ ${}_3\mathrm{C}_2$ ${}_3\mathrm{C}_3$	$\Longrightarrow$	1　3　3　1
$n=4$	${}_4\mathrm{C}_0$ ${}_4\mathrm{C}_1$ ${}_4\mathrm{C}_2$ ${}_4\mathrm{C}_3$ ${}_4\mathrm{C}_4$		1　4　6　4　1
$n=5$	${}_5\mathrm{C}_0$ ${}_5\mathrm{C}_1$ ${}_5\mathrm{C}_2$ ${}_5\mathrm{C}_3$ ${}_5\mathrm{C}_4$ ${}_5\mathrm{C}_5$		1　5　10　10　5　1
……	……		……

となり，$(a+b)^n$ の展開係数の隣り合った2数を加えると $(a+b)^{n+1}$ の展開係数となる．これを**パスカルの三角形**といい，二項係数を求めるときに便利である．

上にあげた公式は，**81**の二項定理で，$a=b=1$，または $a=1$，$b=-1$ とおけばよい．

参考　パスカルの三角形が成り立つ理由は，**51**より ${}_{n-1}\mathrm{C}_{r-1}+{}_{n-1}\mathrm{C}_r={}_n\mathrm{C}_r$ が成り立つからである．

例　$(2x+3)^4$ を展開すると，[　　　] となる．

解　$(2x+3)^4=(2x)^4+4(2x)^3\cdot3+6(2x)^2\cdot3^2+4(2x)\cdot3^3+3^4$
$=\mathbf{16x^4+96x^3+216x^2+216x+81}$

数学Ⅱ

83 多項定理 ★

$(a+b+c)^n$ の展開式は，$p+q+r=n$ をみたすすべての 0 以上の整数の組 $(p,\ q,\ r)$ について

$$\frac{n!}{p!q!r!}a^p b^q c^r$$

の和になる．

COMMENT 二項定理を 2 度くり返す．すなわち，$\{(a+b)+c\}^n$ の一般項は

$${}_n\mathrm{C}_r(a+b)^{n-r}c^r$$
$$={}_n\mathrm{C}_r\{{}_{n-r}\mathrm{C}_0 a^{n-r}+{}_{n-r}\mathrm{C}_1 a^{n-r-1}b+\cdots+{}_{n-r}\mathrm{C}_q a^{n-r-q}b^q+\cdots+{}_{n-r}\mathrm{C}_{n-r}b^{n-r}\}c^r$$

ここで，$n-r-q=p$ であり

$${}_n\mathrm{C}_r\cdot{}_{n-r}\mathrm{C}_q=\frac{n!}{r!(n-r)!}\times\frac{(n-r)!}{q!(n-r-q)!}=\frac{n!}{p!q!r!}$$

のことを考えれば，上の式が得られる．

参考 係数は，同じものを含む順列**47**や，組分け**53**と同じであり，**47**や**53**の考えから**83**を導くこともできる．

例 $\left(x+1+\dfrac{1}{x}\right)^6$ の展開で，定数項は $\boxed{}$ である．

解 一般項は $\dfrac{6!}{p!q!r!}x^p\cdot 1^q\cdot\left(\dfrac{1}{x}\right)^r=\dfrac{6!}{p!q!r!}x^{p-r}$

ここで，$p+q+r=6$，$p-r=0$ となる $(p,\ q,\ r)$ の組は $(0,\ 6,\ 0)$，$(1,\ 4,\ 1)$，$(2,\ 2,\ 2)$，$(3,\ 0,\ 3)$ の 4 組．以上から求める定数項は

$$\frac{6!}{6!}+\frac{6!}{4!}+\frac{6!}{2!2!2!}+\frac{6!}{3!3!}=1+30+90+20=\mathbf{141}$$

84 複素数の定義 ★★★

$\sqrt{-1}=i$ を虚数単位，a，b を実数とするとき，$a+bi$ の形を**複素数**という．

$$a+bi=0 \iff a=b=0$$

複素数の計算は実数と同様で，$i^2=-1$ に注意すればよい．

COMMENT　実数とは，正の数，0，負の数を合わせたもので，これに i が加わって，数の範囲が複素数まで広がることになる．

$a>0$ なら，$\sqrt{-a}=\sqrt{a}\,i$ である．

複素数の計算は実数と同様だから

$(a_1+b_1i)\pm(a_2+b_2i)=(a_1\pm a_2)+(b_1\pm b_2)i$　（複号同順）

$(a_1+b_1i)(a_2+b_2i)=a_1a_2-b_1b_2+(a_1b_2+a_2b_1)i$

$$\frac{a_1+b_1i}{a_2+b_2i}=\frac{a_1+b_1i}{a_2+b_2i}\times\frac{a_2-b_2i}{a_2-b_2i}$$

$$=\frac{a_1a_2+b_1b_2}{a_2^2+b_2^2}+\frac{a_2b_1-a_1b_2}{a_2^2+b_2^2}i$$

ただし，商の計算では，$a_2+b_2i\neq0$ とする．

参考　$a+bi$ で，$b=0$ のときが実数である．また，$a=0$，すなわち bi $(b\neq0)$ の形を**純虚数**という．

例　$\left(\dfrac{1+i}{1+\sqrt{3}i}\right)^3=\square-\square i$（ただし，$\square$ は実数）

解　$\left(\dfrac{1+i}{1+\sqrt{3}i}\right)^3=\dfrac{1+3i+3i^2+i^3}{1+3\sqrt{3}i+3(\sqrt{3})^2i^2+(\sqrt{3})^3i^3}$

$$=\frac{1+3i-3-i}{1+3\sqrt{3}i-9-3\sqrt{3}i}=\frac{-2+2i}{-8}=\mathbf{\frac{1}{4}}-\mathbf{\frac{1}{4}}i$$

数学II

85　共役複素数　★★

複素数 $\alpha=a+bi$ に対して

$\overline{\alpha}=a-bi$ を α の**共役複素数**という．

$$\overline{\alpha\pm\beta}=\overline{\alpha}\pm\overline{\beta}\ \text{（複号同順）},\quad \overline{\alpha\beta}=\overline{\alpha}\cdot\overline{\beta}$$

$$\beta\neq 0\ \text{のとき}\ \overline{\left(\frac{\alpha}{\beta}\right)}=\frac{\overline{\alpha}}{\overline{\beta}}$$

$$\alpha=\overline{\alpha}\iff \alpha\ \text{は実数}$$

$$\alpha=-\overline{\alpha}\ \text{かつ}\ \alpha\neq 0\iff \alpha\ \text{は純虚数}$$

COMMENT　共役複素数とは，虚数部分の符号を変えたものである．上に述べた性質を確かめておこう．

$\alpha=a_1+b_1i$，$\beta=a_2+b_2i$ とおくと

$$\overline{\alpha+\beta}=\overline{(a_1+b_1i)+(a_2+b_2i)}=\overline{(a_1+a_2)+(b_1+b_2)i}$$
$$=a_1+a_2-(b_1+b_2)i=a_1-b_1i+a_2-b_2i=\overline{\alpha}+\overline{\beta}$$
$$\overline{\alpha\beta}=\overline{(a_1+b_1i)(a_2+b_2i)}=\overline{(a_1a_2-b_1b_2)+(a_1b_2+a_2b_1)i}$$
$$=a_1a_2-b_1b_2-(a_1b_2+a_2b_1)i$$
$$=(a_1-b_1i)(a_2-b_2i)=\overline{\alpha}\cdot\overline{\beta}$$

差と商についても同様である．

参考　$\dfrac{\alpha}{\beta}$ の形の複素数を計算するには，分母と分子に，β の共役複素数 $\overline{\beta}$ を掛ければよい．

例　$5\alpha-4i\overline{\alpha}+9=0$ をみたす複素数 α は，

$\alpha=$ ☐ $-$ ☐ i

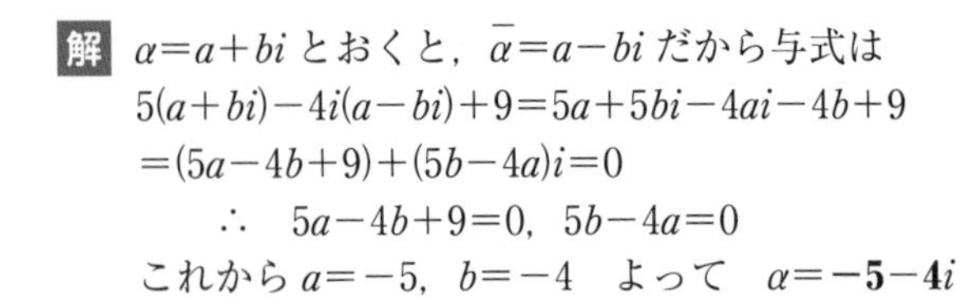

解　$\alpha=a+bi$ とおくと，$\overline{\alpha}=a-bi$ だから与式は

$5(a+bi)-4i(a-bi)+9=5a+5bi-4ai-4b+9$

$=(5a-4b+9)+(5b-4a)i=0$

$\therefore\quad 5a-4b+9=0,\ 5b-4a=0$

これから $a=-5$，$b=-4$　よって　$\alpha=\mathbf{-5-4}i$

86　1の虚数立方根　★

方程式 $x^3=1$ の虚数解の1つを ω とすると，他の1つは ω^2 であり

$$\boldsymbol{\omega^3=1,\ \omega^2+\omega+1=0}$$

を満たす．$x^3=1$ の虚数解を1の**虚数立方根**という．

COMMENT　実数でない複素数を**虚数**という．また，1の立方根とは，3乗して1となる数だから，次の3次方程式を考えればよい．

$x^3=1$，移項して $x^3-1=0$

因数分解して $(x-1)(x^2+x+1)=0$

この解で，1でないものが ω だから，ω が上に述べた2つの性質をもつことは明らかである．この ω の正体は，解の公式から次のようになる．

$$\omega=\frac{-1\pm\sqrt{1-4}}{2}=\frac{-1\pm\sqrt{-3}}{2}=\frac{-1\pm\sqrt{3}i}{2}$$

注意　ここで複号が生ずるが，どちらを ω と考えても，他の1つ（ω の共役複素数）は ω^2 になっている．

例　方程式 $x^3-1=0$ の1以外の解の1つを ω とするとき，$\omega^2+\dfrac{1}{\omega^2}=$ □，$\omega^3+\dfrac{1}{\omega^3}=$ □ である．

解　$\omega^2+\dfrac{1}{\omega^2}=\omega^2+\dfrac{\omega^3}{\omega^2}=\omega^2+\omega=\boldsymbol{-1}$

$\omega^3+\dfrac{1}{\omega^3}=1+\dfrac{1}{1}=\boldsymbol{2}$

数学Ⅱ

87　解と係数の関係（Ⅰ）　★★★

> 2次方程式 $ax^2+bx+c=0\ (a\neq 0)$ の2つの解を α, β とすると
>
> $$\alpha+\beta=-\frac{b}{a},\quad \alpha\beta=\frac{c}{a}$$

COMMENT　2次方程式 $ax^2+bx+c=0\ (a\neq 0)$ について，解の公式 $x=\dfrac{-b\pm\sqrt{b^2-4ac}}{2a}$ は，根号内が負であっても，複素数の導入により，解をもつことになる．

また，係数が実数ならば，判別式 $D=b^2-4ac$ は

$$\begin{cases} D>0 & \text{相異なる実数解} \\ D=0 & \text{重解（実数解）} \\ D<0 & \text{相異なる共役複素数解} \end{cases}$$

のように解を分類する．（**22**参照）

次に2つの解が α, β ならば，因数定理により2次式は $x-\alpha$, $x-\beta$ を因数にもち，x^2 の係数を考え

$$ax^2+bx+c=a(x-\alpha)(x-\beta)$$

両辺をくらべると，上述の解と係数の関係が得られる．

注意　与えられた2数 α, β を解とする2次方程式の1つは　$x^2-(\alpha+\beta)x+\alpha\beta=0$　である．

例　$x^2-4x+7=0$ の2つの解を α, β とすると

$$\alpha^2+\beta^2=\boxed{},\quad \alpha^3+\beta^3=\boxed{}$$

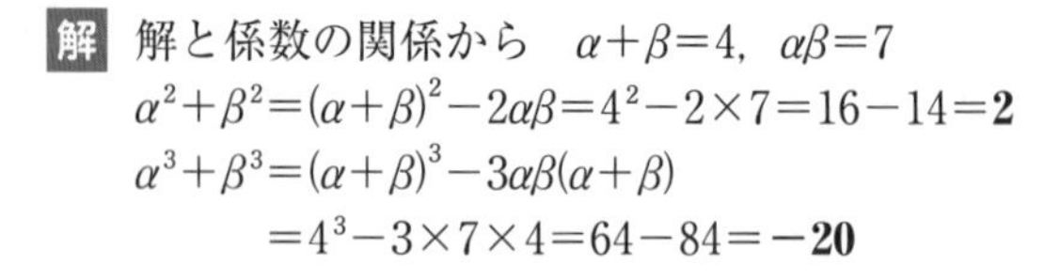

解　解と係数の関係から　$\alpha+\beta=4$, $\alpha\beta=7$

$\alpha^2+\beta^2=(\alpha+\beta)^2-2\alpha\beta=4^2-2\times7=16-14=\mathbf{2}$

$\alpha^3+\beta^3=(\alpha+\beta)^3-3\alpha\beta(\alpha+\beta)$

$\qquad=4^3-3\times7\times4=64-84=\mathbf{-20}$

88 解と係数の関係(Ⅱ) ★★

3次方程式 $ax^3+bx^2+cx+d=0\ (a\neq 0)$ の3つの解を α, β, γ とすると

$$\boldsymbol{\alpha+\beta+\gamma=-\frac{b}{a}}$$

$$\boldsymbol{\alpha\beta+\beta\gamma+\gamma\alpha=\frac{c}{a}}$$

$$\boldsymbol{\alpha\beta\gamma=-\frac{d}{a}}$$

COMMENT $ax^3+bx^2+cx+d=0$ は，α，β，γ を解とするから，因数定理により $x-\alpha$，$x-\beta$，$x-\gamma$ で割り切れる．x^3 の係数は a だから，次式が成り立つ．

$$ax^3+bx^2+cx+d=a(x-\alpha)(x-\beta)(x-\gamma)$$
$$=a\{x^3-(\alpha+\beta+\gamma)x^2+(\alpha\beta+\beta\gamma+\gamma\alpha)x-\alpha\beta\gamma\}$$

$$\therefore\quad \begin{cases} b=-a(\alpha+\beta+\gamma) \\ c=a(\alpha\beta+\beta\gamma+\gamma\alpha) \\ d=-a\alpha\beta\gamma \end{cases}$$

これらから，3次方程式の解と係数の関係が得られる．

注意 第1式と第2式で $\gamma=0$ とすると，2次方程式の解と係数の関係となる．

例 方程式 $x^3+3x-5=0$ の3つの解を α, β, γ とするとき，$\alpha^3+\beta^3+\gamma^3=$ □ である．

解 $\alpha+\beta+\gamma=0$，$\alpha\beta+\beta\gamma+\gamma\alpha=3$，$\alpha\beta\gamma=5$

$\therefore\quad \alpha^3+\beta^3+\gamma^3$

$=(\alpha+\beta+\gamma)(\alpha^2+\beta^2+\gamma^2-\alpha\beta-\beta\gamma-\gamma\alpha)+3\alpha\beta\gamma$

$=0+3\times 5=\mathbf{15}$

89 実数係数の方程式 ★

実数を係数とする n 次方程式
$f(x)=0$ について
複素数　$\alpha=a+bi$　が解ならば
共役複素数 $\overline{\alpha}=a-bi$　も解である.

COMMENT　実数を係数とする n 次方程式

$$f(x)=a_nx^n+a_{n-1}x^{n-1}+\cdots+a_1x+a_0=0$$

があるとき，$f(\alpha)=0$ とすると

$$a_n\alpha^n+a_{n-1}\alpha^{n-1}+\cdots+a_1\alpha+a_0=0$$

この両辺の共役複素数を考えると，実数については

$$\overline{a_k}=a_k\ (k=0,\ 1,\ \cdots,\ n)$$

が成り立つので，85を使って

$$a_n(\overline{\alpha})^n+a_{n-1}(\overline{\alpha})^{n-1}+\cdots+a_1\overline{\alpha}+a_0=0$$

すなわち，$f(\overline{\alpha})=0$ が得られる.

例　a，b が実数で，方程式 $x^3+ax^2+x+b=0$ が，$2+i$ を解にもてば，$a=$ [　]，$b=$ [　] である.

解　$2+i$ が解だから $2-i$ も解で，左辺の3次式は

$\{x-(2+i)\}\{x-(2-i)\}=(x-2)^2-i^2$

$=x^2-4x+4+1=x^2-4x+5$　で割り切れるから

$x^3+ax^2+x+b=(x^2-4x+5)(x-\alpha)$ とおく.

両辺の x の係数をくらべて，$1=4\alpha+5$　$\therefore$　$\alpha=-1$

$(x^2-4x+5)(x+1)=x^3-3x^2+x+5$

ゆえに，$a=\mathbf{-3}$，$b=\mathbf{5}$

90　剰余の定理・因数定理　★★★

x の整式 $f(x)$ について

$f(x)$ を $(x-\alpha)$ で割ると余りは $f(\alpha)$

（剰余の定理）

とくに

$f(x)$ は $(x-\alpha)$ で割り切れる $\Longleftrightarrow$ $f(\alpha)=0$

（因数定理）

COMMENT　x の整式 $f(x)$ を $(x-\alpha)$ で割ったときの商が $Q(x)$ で余りが R のとき

$$f(x)=(x-\alpha)Q(x)+R$$

この両辺に $x=\alpha$ を代入すると　　$f(\alpha)=R$

これが剰余の定理である.

とくに $R=0$ のときが因数定理で，高次式（3 次以上の多項式）の因数分解では，因数定理により因数を見出すのが定石である.

注意　α は**84**で学ぶ複素数でもかまわないが，実数の場合に使うことの方が多い.

例　$f(x)=4x^3-3x^2+ax+b$ が x^2-2x-3 で割り切れるとき，$a=$ $\boxed{}$，$b=$ $\boxed{}$ である.

解　$f(x)$ は $x^2-2x-3=(x-3)(x+1)$ で割り切れるから，$x-3$ で割り切れ

$$f(3)=108-27+3a+b=81+3a+b=0$$

$x+1$ で割り切れ

$$f(-1)=-4-3-a+b=-7-a+b=0$$

辺々引いて $88+4a=0$　　$\therefore$　$a=\mathbf{-22}$

第 2 式より $b=a+7=-22+7=\mathbf{-15}$

数学Ⅱ

91 高次方程式・不等式 ★★★

高次方程式は，因数定理で因数分解する．
$f(x)=ax^n+\cdots+b$ に因数定理を使うには

$$\alpha=\pm\frac{b\text{ の約数}}{a\text{ の約数}}$$ **を代入せよ．**

高次不等式は，まず高次方程式を解き，その解を利用して符号図をつくれ．

COMMENT 高次方程式

$$f(x)=ax^n+\cdots+b=0$$

を解くには，$f(\alpha)=0$ ならば $x-\alpha$ で割り切れることを使って $f(x)$ を因数分解する．この α の見つけ方として

$$ax^n+\cdots+b=(px+q)(a_1x^{n-1}+\cdots+b_1)$$

ならば，$a=pa_1$，$b=qb_1$ で，p は a の約数，q は b の約数であるから，$\alpha=-\dfrac{q}{p}$ は，上に述べた形である．

高次不等式を解くには，高次方程式を解き，135の増減表の y' の符号変化と同様に考えて範囲を決める．

例　不等式　$2x^3-3x^2+x<2(x^2-1)$ の解は
$x<$ □，□ $<x<$ □

解 $f(x)=2x^3-5x^2+x+2<0$ と考えて
$f\left(-\dfrac{1}{2}\right)=f(1)=f(2)=0$ であるから因数分解して
$f(x)=(2x+1)(x-1)(x-2)<0$
$f(x)$ の符号図は右図．
よって，求める範囲は

$$\boldsymbol{x<-\frac{1}{2},\ 1<x<2}$$

92　分数方程式・不等式　★

分数方程式・分数不等式は

(1)　**1辺に集めて，分母と分子を別々に因数分解．**

(2)　$\dfrac{f(x)}{g(x)} \geqq 0$ **は両辺を** $\{g(x)\}^2$ **倍すれば，**

$f(x)g(x) \geqq 0$ **となり，それを解く．**

(3)　$g(x)=0$ **となる** x **を除く．**

COMMENT　(1)での因数分解は実数の範囲で行う．2次式の因数 $f(x)$ が現れ，x^2 の係数が正で $f(x)=0$ の判別式が負であれば，すべての実数 x で $f(x)>0$ である．

(2)において，慣れれば，両辺を $\{g(x)\}^2$ 倍しなくても，もとの形のままでとり扱ってよい．

(3)　$g(x)=0$ なら，もとの分数式の分母が0になるから，これに対応する x は除かなくてはいけない．

注意　$g(x)$ の符号は不明だから，$\dfrac{f(x)}{g(x)} \geqq 0$ の両辺を $g(x)$ 倍して，$f(x) \geqq 0$ としてはいけない．

例　$\dfrac{(x+1)(x-2)}{x-1} \geqq 0$ の解は

□ $\leqq x <$ □，□ $\leqq x$

解　不等式の両辺を $(x-1)^2$ 倍すると

$$(x+1)(x-2)(x-1) \geqq 0$$

となる．$x \neq 1$ を考慮すると

符号図は右図．

よって，$\boldsymbol{-1 \leqq x < 1}$，$\boldsymbol{2 \leqq x}$

93 比例式 ★★

$x:y:z=a:b:c$ のとき，これを分数式で表して「$=k$」とおくと

$$\frac{x}{a}=\frac{y}{b}=\frac{z}{c}=k$$

$\Longrightarrow$ $x=ak$, $y=bk$, $z=ck$

COMMENT これは，比例式のとり扱い方を示す原理であって，比例式は分数式で表して「$=k$」とおき，分母を払うのがポイントであることを知っておこう．

この変形によって，x, y, z という 3 文字をとり扱う代わりに，k という 1 文字を考えればよいので，計算が簡単になる．

注意 x, y, z と a, b, c は分母と分子が入れ代わってもよい．一般に，x, y, z, a, b, c は 0 でない数が与えられるから，$k \neq 0$ に注意しよう．

例 $(x+y):(y+z):(z+x)=3:4:5$ のとき
$x:y:z=$ [　　] : [　　] : [　　]

解 $\dfrac{x+y}{3}=\dfrac{y+z}{4}=\dfrac{z+x}{5}=k\ (\neq 0)$ から

$x+y=3k$ … ①　$y+z=4k$ … ②　$z+x=5k$ … ③

①＋②＋③；$2(x+y+z)=12k$

$\therefore\quad x+y+z=6k$ … ④

④－②；$x=2k$,　④－③；$y=k$,　④－①；$z=3k$

$\therefore\quad x:y:z=2k:k:3k=$ **2 : 1 : 3**

94 恒等式の原理 ★★★

(1) すべての x について

$\boldsymbol{ax^2+bx+c=a'x^2+b'x+c'}$ **ならば**

$a=a'$, $b=b'$, $c=c'$

(2) すべての x, y, z について

$\boldsymbol{ax+by+cz=a'x+b'y+c'z}$ **ならば**

$a=a'$, $b=b'$, $c=c'$

COMMENT 等式には2種類がある．$x-1=1-x$ のように，特別な値（この場合は $x=1$）についてのみ成り立つ**方程式**と，$x+1=1+x$ のように，すべての x について成り立つ**恒等式**である．

(1)はすべての x でなくても，「異なる3個の x について成り立てば同じ結論が成り立つ」と精密化できる．また，これは2次式について述べているが，一般の n 次式についても成立する．(2)も，x, y, z と3個の文字でなくても，一般に n 個の文字で成立する．

使い方 日本語は同じ内容でもいろいろな述べ方がある．**「すべての」**でなくても，**「あらゆる」**，**「いかなる」**，**「任意の」という用語を見たら恒等式と考えよう**．

例 あらゆる x で，

$$x^2+1=(x-1)(x-2)+a(x-1)+b$$

が成り立つとき，$a=$ ［　　］，$b=$ ［　　］ である．

解 $x=1$ を代入して　$2=b$

$x=2$ を代入して　$5=a+b=a+2$ $\therefore$ $a=3$, $b=2$

逆に，$a=3$, $b=2$ のとき等式は成り立つ．

よって，$a=\mathbf{3}$, $b=\mathbf{2}$

数学II

95 不等式の証明 ★★★

不等式 $A \geqq B$ を証明するには

$A-B \geqq 0$ を証明せよ.

さらに, $A>0$, $B>0$ のときには

$A^2-B^2 \geqq 0$, $\dfrac{A}{B} \geqq 1$ も有効.

COMMENT この原理は, A と B との大小関係を調べるのにも利用できる. $A-B$ を考え

$$\left.\begin{array}{lll} A-B>0 & \text{ならば} & A>B \\ A-B=0 & \text{ならば} & A=B \\ A-B<0 & \text{ならば} & A<B \end{array}\right\} \text{となる.}$$

さて, 次に $A-B \geqq 0$ を示すには, $A-B$ を変形して

(1) **$(\text{実数})^2+(\text{実数})^2 \geqq 0$** を使うか

(2) **因数分解して, 各因数の符号を調べて,** 積が正の数または0となることを確かめればよい.

注意 2次関数であれば, 標準形: $y=a(x-p)^2+q$ (上の(1)のタイプ) に変形して, $a>0$, $q \geqq 0$ ならば, $y \geqq 0$ がいえる.

例 不等式 $x^2+4y^2 \geqq 2xy$ は, 次のように証明できる.

$(x^2+\square y^2)-\square xy = x^2-\square xy+\square y^2$

$= x^2-\square xy+y^2+\square y^2 = (x-y)^2+\square y^2 \geqq 0$

$\therefore \quad x^2+4y^2 \geqq \square xy$

等号は $x=y=\square$ のときに成り立つ.

解 順に, **4, 2, 2, 4, 2, 3, 3, 2, 0**

96　相加平均と相乗平均　★★★

$a>0$, $b>0$ のとき

$$\frac{a+b}{2} \geqq \sqrt{ab}$$

等号は $a=b$ のときに限る.

COMMENT　2つの正の数 a, b について, 和の半分を a と b の**相加平均**, 積の正の平方根を a と b の**相乗平均**といい, 上のような大小関係がある. なぜなら

$$\frac{a+b}{2}-\sqrt{ab}=\frac{a-2\sqrt{ab}+b}{2}=\frac{(\sqrt{a}-\sqrt{b})^2}{2} \geqq 0$$

のことから, この大小関係が成り立ち, 等号は $\sqrt{a}=\sqrt{b}$, すなわち $a=b$ のときであることがわかる.

使い方　分母を払って $a+b \geqq 2\sqrt{ab}$ と考えてもよい.

一般に, $\triangle+\frac{\text{数}}{\triangle}$ の形の式の最小値を求めるには

$$\triangle+\frac{\text{数}}{\triangle} \geqq 2\sqrt{\triangle \times \frac{\text{数}}{\triangle}}=2\sqrt{\text{数}}\ \left(\text{等号は}\triangle=\frac{\text{数}}{\triangle}\text{のとき}\right)$$

となるから, $\triangle=\sqrt{\text{数}}$ となることがあれば, $2\sqrt{\text{数}}$ が最小値となる. この等号の成立は確かめる必要がある.

例　$x>0$ で, $\frac{(x+1)(x+4)}{x}$ は $x=$ □ のとき, 最小値 □ をとる.

解　$\frac{(x+1)(x+4)}{x}=\frac{x^2+5x+4}{x}$

$$=5+x+\frac{4}{x} \geqq 5+2\sqrt{x \cdot \frac{4}{x}}=9$$

等号は $x=\frac{4}{x}$, $x>0$ より $x=2$　(答) 順に　**2, 9**

数学Ⅱ

97 点と座標 ★★★

2 点 A $(x_1,\ y_1)$，B $(x_2,\ y_2)$ の距離は

$$\mathbf{AB}=\sqrt{(x_1-x_2)^2+(y_1-y_2)^2}$$

線分 AB を $m:n$ に内分する点は

$$\left(\frac{nx_1+mx_2}{m+n},\ \frac{ny_1+my_2}{m+n}\right)$$

とくに中点は $\left(\dfrac{x_1+x_2}{2},\ \dfrac{y_1+y_2}{2}\right)$

COMMENT 2 点間の距離の公式は，右の図からもわかるように，三平方の定理の応用である．

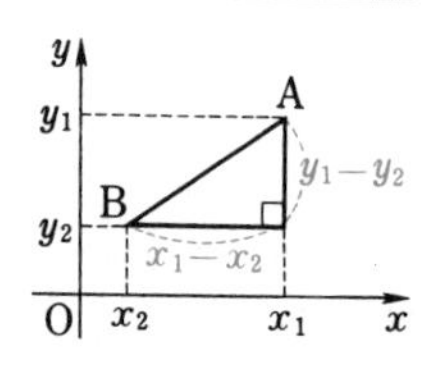

AB を $m:n$ に内分する点を C $(x_3,\ y_3)$ とする．x 座標についてのみ考えると

$$x_3=x_1+\frac{m}{m+n}(x_2-x_1)$$

$$=\frac{x_1(m+n)+m(x_2-x_1)}{m+n}=\frac{nx_1+mx_2}{m+n}\ (y\text{ 座標も同様})$$

注意 $m:n$ に**外分**するときには，上の公式で，$\boldsymbol{n}$ **の代わりに** $(-\boldsymbol{n})$ を考えればよい．

例　A $(2,\ 3)$，B $(-2,\ 1)$ のとき

(1) 線分 AB の長さは □ である．

(2) AB を 3 : 1 に内分する点は (□ , □)

解

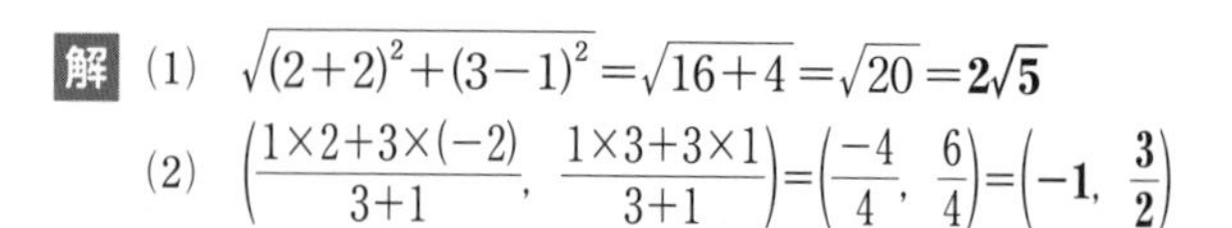

(1) $\sqrt{(2+2)^2+(3-1)^2}=\sqrt{16+4}=\sqrt{20}=\mathbf{2\sqrt{5}}$

(2) $\left(\dfrac{1\times2+3\times(-2)}{3+1},\ \dfrac{1\times3+3\times1}{3+1}\right)=\left(\dfrac{-4}{4},\ \dfrac{6}{4}\right)=\left(\mathbf{-1},\ \mathbf{\dfrac{3}{2}}\right)$

98 座標と三角形の面積 ★★

原点 O(0, 0), A(x_1, y_1), B(x_2, y_2) によってつくられる △OAB の面積は

$$\frac{1}{2}|x_1y_2-x_2y_1|$$

COMMENT 証明には, 114で述べる加法定理を使う.

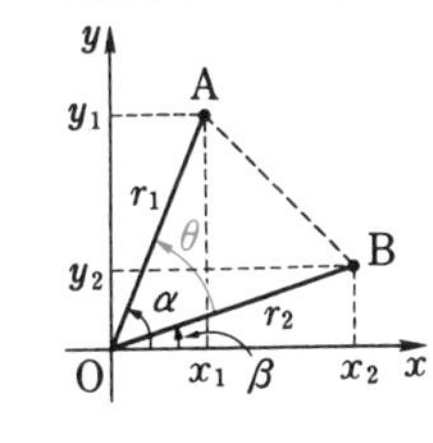

OA$=r_1$, OB$=r_2$, OA, OB と x 軸の正方向とのなす角を α, β, ∠AOB$=\theta$ とすると

$r_1\cos\alpha=x_1$, $r_1\sin\alpha=y_1$

$r_2\cos\beta=x_2$, $r_2\sin\beta=y_2$

$$\triangle\mathrm{OAB}=\frac{1}{2}\mathrm{OA}\cdot\mathrm{OB}|\sin\theta|$$

$$=\frac{1}{2}r_1r_2|\sin(\alpha-\beta)|=\frac{1}{2}r_1r_2|\sin\alpha\cos\beta-\cos\alpha\sin\beta|$$

$$=\frac{|r_1\cos\alpha\cdot r_2\sin\beta-r_1\sin\alpha\cdot r_2\cos\beta|}{2}=\frac{1}{2}|x_1y_2-x_2y_1|$$

注意 絶対値は, θ が負の場合も考えた. この公式は, 三角形や台形の和または差として, 三角関数を使わなくても証明できるが, そのときには場合分けが必要なので, かえって面倒である.

例 O(0, 0), A(3, −2), B(4, 2) でつくられる三角形 OAB の面積は [　　　] である.

解 $\triangle\mathrm{OAB}=\frac{1}{2}|3\times2-4\times(-2)|=\frac{6+8}{2}=\mathbf{7}$

数学II

99　直線の方程式　★★★

傾き m，y 切片 b の直線の方程式

$$y=mx+b$$

傾き m，$(x_1,\ y_1)$ を通る直線の方程式

$$y=m(x-x_1)+y_1$$

2 点 $(x_1,\ y_1)$，$(x_2,\ y_2)$ を通る直線の方程式

$$y=\frac{y_2-y_1}{x_2-x_1}(x-x_1)+y_1 \quad (x_1 \neq x_2)$$

COMMENT　最後の 2 点を通る直線の方程式で，$x_1=x_2$ のときには，求める方程式は $x=x_1\ (=x_2)$ となる．

以上に述べた以外でも，**x 切片が a，y 切片が b** $(ab\neq0)$ の直線の方程式は

$$\frac{x}{a}+\frac{y}{b}=1$$

であることは，この直線が 2 点 $(a,\ 0)$，$(0,\ b)$ を通ることから確かめられ，これも場合によっては役立つことがある．

参考　原点から直線にひいた垂線 OH の長さが p で，OH と x 軸の正方向とのなす角が θ なら，この直線は $x\cos\theta+y\sin\theta=p$ と表される．

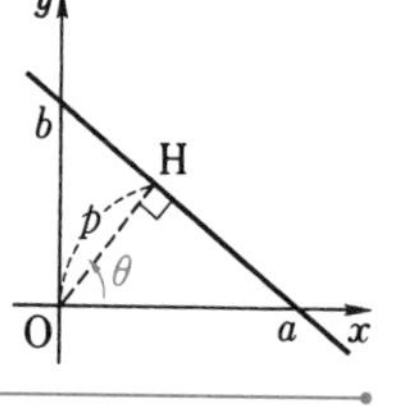

例　2 点 A(2，4)，B(−1，5) を通る直線の方程式は
$y=$ ＿＿ $x+$ ＿＿ である．

解　$y=\frac{5-4}{-1-2}(x-2)+4=-\frac{1}{3}(x-2)+4=-\frac{1}{3}x+\frac{14}{3}$

100 平行条件 ★★★

2直線 $\begin{cases} y=m_1x+b_1 \\ y=m_2x+b_2 \end{cases}$ について

平行条件は $m_1=m_2$

2直線 $\begin{cases} a_1x+b_1y+c_1=0 \\ a_2x+b_2y+c_2=0 \end{cases}$ $(a_1a_2b_1b_2 \neq 0)$ について

平行条件は $a_1:a_2=b_1:b_2$

COMMENT ここで平行というのは，一致する場合も含んでいることに注意しよう．

傾きが一致すれば平行だから，前半は明らかである．

直線の方程式については**99**で述べたが，一般に，x と y の1次式は直線を表し，その一般の形の2直線について述べたのが，後半の部分である．これらの直線の傾きはそれぞれ $-\dfrac{a_1}{b_1}$，$-\dfrac{a_2}{b_2}$ であるから，この2つを等しいとおけば，この場合の条件が出る．

注意 2直線が**一致する条件**は，少し条件が増えて

前半では $\boldsymbol{m_1=m_2}$，$\boldsymbol{b_1=b_2}$

後半では，$\boldsymbol{a_1:a_2=b_1:b_2=c_1:c_2}$

となる．

例 点(3，1)を通り，直線 $y=2x+3$ に平行な直線の方程式は $y=$ $\boxed{}$ $x-$ $\boxed{}$ である．

解 求める直線の傾きは2だから，**99**を使って

$y=2(x-3)+1$，$y=\boldsymbol{2}x-\boldsymbol{5}$

数学Ⅱ

101 垂直条件 ★★★

2直線 $\begin{cases} y=m_1x+b_1 \\ y=m_2x+b_2 \end{cases}$ について

垂直条件は $m_1m_2=-1$

2直線 $\begin{cases} a_1x+b_1y+c_1=0 \\ a_2x+b_2y+c_2=0 \end{cases}$ について

垂直条件は $a_1a_2+b_1b_2=0$

COMMENT 直線のなす角は平行移動しても変わらないから，$y=m_1x$ と $y=m_2x$ について調べよう．

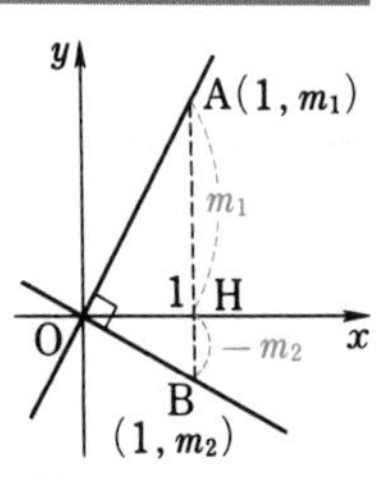

それぞれの直線上に A(1,　m_1)，B(1,　m_2) をとると，∠AOB=90° ならば m_1 と m_2 は異符号である．

H(1,　0) とすると，AH$=m_1$，BH$=-m_2$

68より，　AH·BH$=$OH^2 $\Longrightarrow$ $-m_1m_2=1$

$\therefore$　$m_1m_2=-1$　逆も成立する．

後半も，$m_1=-\dfrac{a_1}{b_1}$，$m_2=-\dfrac{a_2}{b_2}$ であるから，結論は簡単であろう．

注意 上の証明で，A が第4象限，B が第1象限にあれば，AH$=-m_1$，BH$=m_2$ となるが，結論は変わらない．

例　2直線 $ax+y+1=0$，$3x-2(a-1)y+5=0$ が垂直となるとき，$a=$ ［　　］ である．

解　垂直条件は $a\times3-2(a-1)=0$

$3a-2a+2=0$ から，$a=\mathbf{-2}$

102 点と直線の距離 ★★★

点$(x_0,\ y_0)$から，直線$ax+by+c=0$におろした垂線の長さをlとすると

$$l=\frac{|ax_0+by_0+c|}{\sqrt{a^2+b^2}}$$

COMMENT この公式の証明は，少し手数がかかるので，ここには述べない．一度教科書での証明を見ておいて頂きたい．

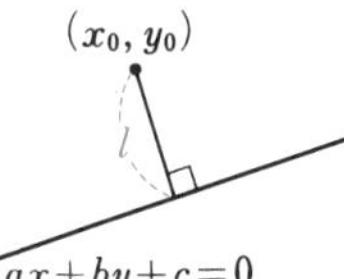

導くのに手数がかかるから，忘れないように，**しっかり記憶しよう**．分子は直線の方程式の左辺に$(x_0,\ y_0)$を代入して絶対値をつけたもの，分母は直線の方程式のxとyの係数をそれぞれ2乗して，加えて平方根をとったものである．

参考 絶対値記号内の符号は，次のいずれか1つの条件をみたせば正，そうでない場合には負となる．

(1) $b>0$で，点$(x_0,\ y_0)$が直線の上方にある．

(1)′ $b<0$で，点$(x_0,\ y_0)$が直線の下方にある．

(2) 点$(x_0,\ y_0)$と原点Oとが直線の同じ側にあり，$c>0$．

(2)′ 点$(x_0,\ y_0)$と原点Oとが直線の反対側にあり，$c<0$．

例 平行な2直線$3x+4y=11$，$3x+4y=1$の距離は［　　　］である．

解 第1の直線上の点$(1,\ 2)$と，第2の直線との距離を求めればよい．

$$\frac{|3\times1+4\times2-1|}{\sqrt{3^2+4^2}}=\frac{|3+8-1|}{\sqrt{25}}=\frac{10}{5}=\mathbf{2}$$

103 円の方程式 ★★★

中心 $(a,\ b)$，半径 r の円の方程式は

$$(x-a)^2+(y-b)^2=r^2$$

一般に　$\boldsymbol{x^2+y^2+Ax+By+C=0}$　は

$A^2+B^2-4C>0$ ならば，円を表す．

COMMENT 円の中心を $\mathrm{M}(a,\ b)$，円周上の点を $\mathrm{P}(x,\ y)$ とすれば，条件は $\mathrm{MP}=r \longrightarrow \mathrm{MP}^2=r^2$

$$\therefore\quad (x-a)^2+(y-b)^2=r^2$$

これが円の方程式の標準形である．

$x^2+y^2+Ax+By+C=0$　は変形して

$$\left(x+\frac{A}{2}\right)^2+\left(y+\frac{B}{2}\right)^2=\frac{A^2+B^2-4C}{4}$$

すなわち，中心 $\left(-\dfrac{A}{2},\ -\dfrac{B}{2}\right)$，半径 $\dfrac{\sqrt{A^2+B^2-4C}}{2}$ の円である．

参考 $\mathrm{A}(a_1,\ a_2)$，$\mathrm{B}(b_1,\ b_2)$ を直径の両端とする円周上の点 $\mathrm{P}(x,\ y)$ では，$\mathrm{AP}\perp\mathrm{BP}$ だから，傾きの積は -1 で

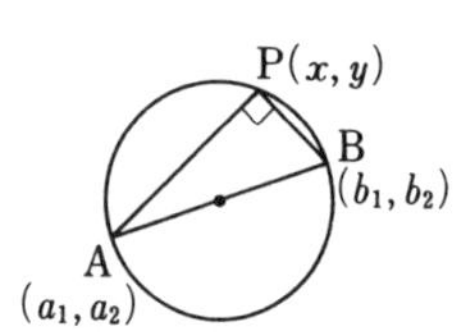

$$\frac{y-a_2}{x-a_1}\cdot\frac{y-b_2}{x-b_1}=-1$$

$$\Longrightarrow (x-a_1)(x-b_1)+(y-a_2)(y-b_2)=0$$

という公式もある．

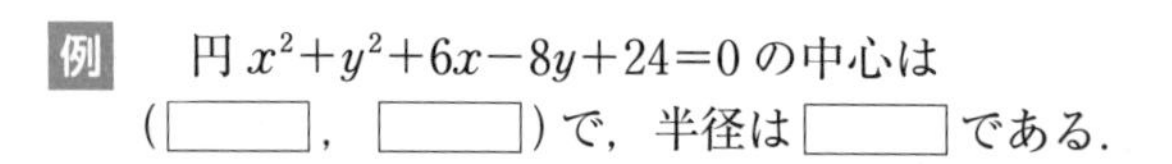

例　円 $x^2+y^2+6x-8y+24=0$ の中心は（□，□）で，半径は□である．

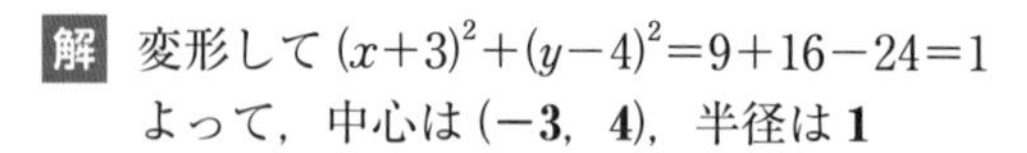

解　変形して $(x+3)^2+(y-4)^2=9+16-24=1$

よって，中心は $(\mathbf{-3},\ \mathbf{4})$，半径は $\mathbf{1}$

104 円と直線 ★★

半径 r の円の中心と，直線との距離を l とすると

$l>r \iff$ 直線と円は離れている

$l=r \iff$ 直線と円は接する

$l<r \iff$ 直線と円は交わる

円 $x^2+y^2=r^2$ 上の点 $(x_0,\ y_0)$ での接線の方程式は

$$x_0x+y_0y=r^2$$

COMMENT 円の中心と，直線との距離 l を求めるには，102を使えばよい．

次に，点 $\mathrm{T}(x_0,\ y_0)$ が円 $x^2+y^2=r^2$ 上にあれば，$x_0{}^2+y_0{}^2=r^2\cdots$ ◎

T での接線上の点を $\mathrm{P}(x,\ y)$，原点を O とすると，$\mathrm{OT}\perp\mathrm{PT}$

$$\therefore\quad \frac{y_0}{x_0}\cdot\frac{y-y_0}{x-x_0}=-1$$

$$x_0(x-x_0)+y_0(y-y_0)=0$$

これに◎を使うことにより，$x_0x+y_0y=r^2$

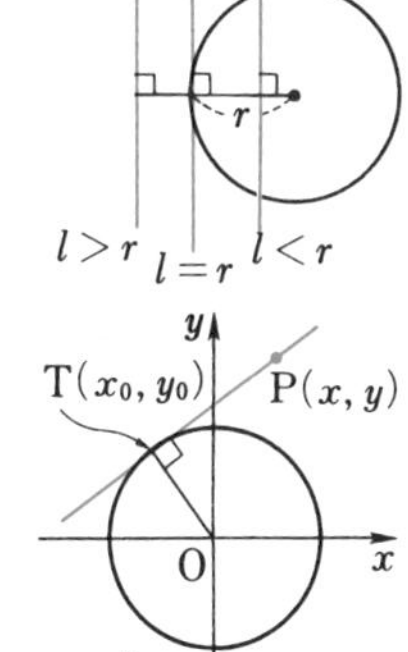

注意 放物線の接線は，直線と放物線の方程式を連立させて，判別式 $=0$ として求める．円の接線では判別式よりも，$l=r$ を使う方が計算は簡単である．

例 円 $(x+2)^2+(y-1)^2=2^2$ と直線 $y-mx-3=0$ が接するとき，$m=$ ☐ である．

解 $\dfrac{|1-(-2)m-3|}{\sqrt{(-m)^2+1^2}}=2,\quad \dfrac{|2m-2|}{\sqrt{m^2+1}}=2$

$|m-1|=\sqrt{m^2+1}$ から $m=\mathbf{0}$

105 定点問題 ★★

すべての k について，曲線群
$\boldsymbol{f(x,\ y)+kg(x,\ y)=0}$ **は**
$\begin{cases} \boldsymbol{f(x,\ y)=0} \\ \boldsymbol{g(x,\ y)=0} \end{cases}$ **が解** $(x_0,\ y_0)$ **をもてば，定点** $(x_0,\ y_0)$ **を通る．**

COMMENT ここで，$f(x,\ y)$ や $g(x,\ y)$ は x と y の式であって，k を決めれば

$$f(x,\ y)+kg(x,\ y)=0$$

は，x と y の方程式だから，ある曲線を表す．k を変えればこの曲線も変わり，全体として曲線群をつくる．

(x_0, y_0)
$k=1$
$k=2$
$k=3$

連立方程式 $f(x,\ y)=g(x,\ y)=0$ が解 $(x_0,\ y_0)$ をもてば $f(x_0,\ y_0)=g(x_0,\ y_0)=0$ で，このときすべての k について　$f(x_0,\ y_0)+kg(x_0,\ y_0)=0+k\times 0=0$ だから，この曲線は定点 $(x_0,\ y_0)$ を通ることになる．

注意 恒等式の原理 **94** より，すべての k で $a+kb=0$ ならば，$a=b=0$ である．定点問題は，この a と b が関数になった場合である．

例 a，b が $2a-b=3$ をみたすとき，直線 $y=ax+2b$ がつねに通る定点は（　　，　　）である．

解 $2a-b=3$ から $b=2a-3$
これを $y=ax+2b$ に代入して $y=ax+2(2a-3)$
$\therefore$　$0=a(x+4)-6-y$　これがすべての a で成り立つには，$x+4=-6-y=0$，$(x,\ y)=(\boldsymbol{-4},\ \boldsymbol{-6})$

数学Ⅱ

106 直線束と円束 ★★

$$\begin{cases} C_1=x^2+y^2+a_1x+b_1y+c_1 \\ C_2=x^2+y^2+a_2x+b_2y+c_2 \end{cases}$$ の形で

2円 $C_1=0$ と $C_2=0$ が交わるとき,

2円の2交点を通る第3の円の方程式は

$$C_1+kC_2=0$$

k が変われば円群を表し，これが**円束**.

ただし $k=-1$ のとき**共通弦**となる.

円の代わりに直線を考えれば**直線束**.

COMMENT 2円の交点の座標は，$C_1=C_2=0$ をみたすから，$C_1+kC_2=0$ もみたし，この曲線は2円の交点を通る.

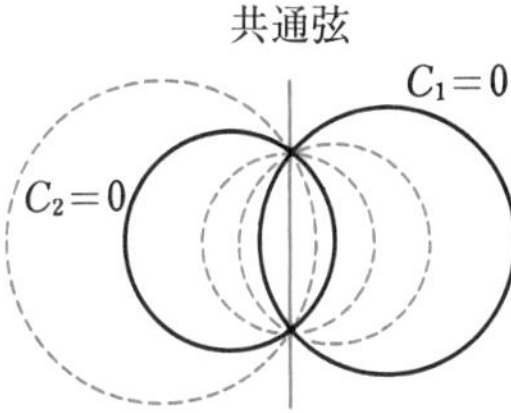

$k=-1$ のとき, これは x, y の1次式となり，2円の交点を通る直線として共通弦になる．$k\neq -1$ のとき，2円の交点を通る円となる.

例 円 $x^2+y^2=1$ と，直線 $y=1-x$ との2つの交点と，原点Oを通る円の方程式は

$(x-\boxed{})^2+(y-\boxed{})^2=\boxed{}$ である.

解 $(x^2+y^2-1)+k(y+x-1)=0$ が，原点Oを通るとき，

$$-1+k(-1)=0$$

$$\therefore \quad k=-1,\ x^2+y^2-1-(y+x-1)=0$$

$x^2+y^2-x-y=0$ から $\left(x-\dfrac{1}{2}\right)^2+\left(y-\dfrac{1}{2}\right)^2=\dfrac{1}{2}$

107 点対称と線対称 ★★

点 P$(x,\ y)$ と点 P$'(X,\ Y)$ が点 A$(a,\ b)$ に関して対称なら，$\boldsymbol{x=2a-X}$，$\boldsymbol{y=2b-Y}$

点 P$(x,\ y)$ と点 P$'(X,\ Y)$ が直線 l：$ax+by+c=0$ $(b\neq0)$ に関して対称なら

$$\begin{cases} \mathbf{1^\circ} & a\cdot\dfrac{x+X}{2}+b\cdot\dfrac{y+Y}{2}+c=0 \\ \mathbf{2^\circ} & \dfrac{y-Y}{x-X}\cdot\left(-\dfrac{a}{b}\right)=-1 \end{cases}$$

数学Ⅱ

COMMENT 点対称のときには，PP$'$ の中点 $\left(\dfrac{x+X}{2},\ \dfrac{y+Y}{2}\right)$ が A$(a,\ b)$ に一致するから

$$\frac{x+X}{2}=a,\quad \frac{y+Y}{2}=b$$

となり，上の結果を得る．

A(a, b)　P(x, y)　P$'(X, Y)$

線対称のときは，

1°　PP$'$ の中点が l 上にある

2°　PP$'\perp l$

l　P(x, y)　P$'(X, Y)$

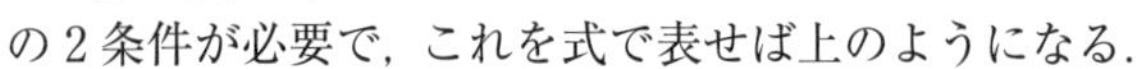

の2条件が必要で，これを式で表せば上のようになる．

注意 線対称では，**1°** と **2°** からさらに $(x,\ y)$ を (X, Y) で表す必要があり，点対称よりも面倒である．

例 放物線 $y=x^2+1$ と，点 $(1,\ 2)$ に関して対称な放物線の方程式は

$y=$ □ x^2+ □ $x-$ □ である．

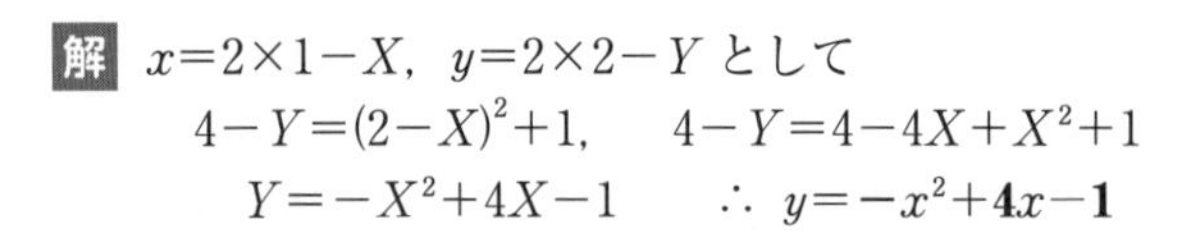

解 $x=2\times1-X$，$y=2\times2-Y$ として

$4-Y=(2-X)^2+1$，　$4-Y=4-4X+X^2+1$

$Y=-X^2+4X-1$　　$\therefore\ y=\boldsymbol{-}x^2+\boldsymbol{4}x-\boldsymbol{1}$

108 軌跡 ★★★

Q(x, y) の軌跡を求めるには

x と y の関係式を求めよ.

$x=f(t)$, $y=g(t)$ のときには

t を消去して x と y の関係式を求めよ.

2 曲線 $f(x, y, t)=0$, $g(x, y, t)=0$ の交点の軌跡では, 交点を求めないで, はじめから

t を消去して x と y の関係式を求めよ.

COMMENT 点 Q の軌跡を求めるには, Q の座標を (x, y) として x と y の関係式を求め, それが直線, 円, または放物線のいずれかを判定するのが原則である. しかし, 他にすでに x, y を使っているときには, Q の座標を (X, Y) として, X と Y の関係式を求めるというように, 場合により文字を使い分けよう.

注 意 x と y の関係式が求められても, 軌跡はその曲線全体ではなくて一部分のこともある. 題意をよく考えて全体か一部分かを判定すること.

数学II

例 2 つの直線 $x+ky+k=0$, $kx-y+3=0$ の交点は, k が変化すると円周

$$x^2+(y-\boxed{})^2=\boxed{}^{\,2}$$

の上を動くが, 点 ($\boxed{}$, $\boxed{}$) は除く.

解 両式から k を求めると, $x\neq 0$, $y+1\neq 0$ ならば,

$$k=-\frac{x}{y+1}=\frac{y-3}{x},\quad -x^2=(y+1)(y-3)$$

$x^2+y^2-2y-3=0$ から $x^2+(y-\mathbf{1})^2=\mathbf{2}^2$

ただし, 点 $(\mathbf{0}, \mathbf{-1})$ は除く.

109 領域 ★★★

領域の図示の方法
(1)　まず，**$y=f(x)$ の曲線をかく**.
(2)　**$y \geqq f(x)$ は曲線の上側**
　　$y \leqq f(x)$ は曲線の下側
(3)　**曲線上にない点の座標を代入**して，領域に含まれるかどうかを決めてもよい.

COMMENT　複雑な場合には，次のように決める.
連立型：$f(x,\ y) \geqq 0$，$g(x,\ y) \geqq 0$ ならば共通範囲.
掛算型：$f(x,\ y)g(x,\ y) \geqq 0$
　2 曲線のグラフをかき，どちらのグラフの上にもない計算の簡単な点 $(x_0,\ y_0)$ を選ぶ.
$f(x_0,\ y_0)g(x_0,\ y_0)>0$ なら，その点を含む範囲が正領域で隣りが負領域というように，正領域と負領域が交互に並ぶ.

例　連立不等式 $xy<0$，$x^2+y^2-4x-4y \leqq 4$ を表す領域の点で，x 座標も y 座標も整数となる点は ＿＿＿ 個ある.

解　$xy<0$ は，第 2 または第 4 象限.
第 2 の不等式は

$$(x-2)^2+(y-2)^2 \leqq (2\sqrt{3})^2$$

で中心 $(2,\ 2)$，半径 $2\sqrt{3}$ の円の内側．求める領域は右図の斜線部分で，この中の格子点は $(-1,\ 1)$，$(-1,\ 2)$，$(-1,\ 3)$，$(1,\ -1)$，$(2,\ -1)$，$(3,\ -1)$ の **6** 個.

110 領域内の最大・最小 ★★★

領域 D 内で，$f(x,\ y)$ の最大･最小を調べるには
(1) **まず，D を図示する.**
(2) **$f(x,\ y)=k$ とおいて，この曲線の図形的意味を考える.**
(3) **曲線が D の点を通るとき，最も極端な場合の k を求める.**

COMMENT 曲線 $f(x,\ y)=k$ は，直線のことも，円のことも，放物線のこともある．(3)で，最も極端な場合と述べたが，これは曲線 $f(x,\ y)=k$ が，領域 D の頂点を通るとき，または領域 D の境界に接する場合である.
接する場合には，判別式を利用するか，または円の場合には**104**の原理を使えばよい.

注意 D の概形をかくには，**109**の領域の知識をフルに使おう．その際に，境界を含むか含まないかということにも注意しよう.

例 $x,\ y$ が $x\geqq 0,\ y\geqq 0,\ x+y\geqq 1,\ x^2+y^2\leqq 9$ をみたすとき，$2x+y$ の最大値は $\boxed{}$ で，最小値は $\boxed{}$ である.

解 4つの不等式をみたす領域は右図の斜線部分.

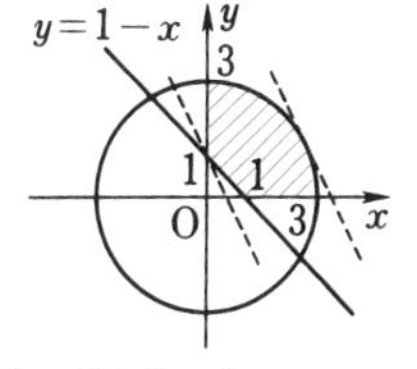

$2x+y=k \Longrightarrow y=-2x+k$ は傾き -2 で y 切片が k の直線.
最小値は $(0,\ 1)$ を通るときで　$k=0+1=1$
k が最大のとき，直線 $2x+y-k=0$ は円の接線で
$\dfrac{|0+0-k|}{\sqrt{2^2+1^2}}=3$　$\therefore\ k=\pm 3\sqrt{5}$　(答) 順に　$\mathbf{3\sqrt{5}}$，$\mathbf{1}$

111 弧度法と扇形 ★★★

角の大きさの単位として

$\dfrac{180°}{\pi}=1$ **ラジアン**を用いる方法を**弧度法**という.

弧度法で角を表したとき，半径 r，中心角 θ の扇形で,

弧の長さ：$l=r\theta$

面積：$S=\dfrac{1}{2}r^2\theta=\dfrac{1}{2}lr$

数学Ⅱ

COMMENT 弧度法とは扇形で，$\dfrac{\textbf{弧の長さ}}{\textbf{半径}}$ によって中心角の大きさ θ を定義したもので，度数法による角とは,

$$180° = \pi\text{ラジアン}$$

の関係がある．混乱の恐れがないとき，単位のラジアンを省略し，$0 \leqq \theta < \pi$ のとき…などと使う.

忘れたら 扇形の面積の公式を忘れたら，上図から，扇形は三角形に似ているので,

面積＝底辺(＝l)×高さ(＝r)÷2 と考えよう.

例 1辺2の正三角形を，1辺を軸として 2π 回転したときにできる立体の表面積は $\boxed{}\pi$ である.

解 立体は，底面半径 $\sqrt{3}$，母線の長さ2の直円錐を2つ合わせたもので，底円周は $2\sqrt{3}\pi$．側面を展開すると半径2の扇形2個となり，その面積は，$2\times2\sqrt{3}\pi\times2\div2=\mathbf{4\sqrt{3}}\pi$

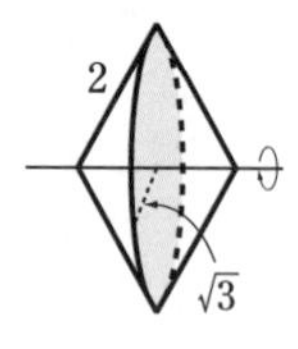

112 三角関数の基本性質 ★★

$\sin(-\theta)=-\sin\theta$, $\cos(-\theta)=\cos\theta$
$\tan(-\theta)=-\tan\theta$
$\sin(\theta+2n\pi)=\sin\theta$, $\cos(\theta+2n\pi)=\cos\theta$
$\tan(\theta+n\pi)=\tan\theta$
$\sin(\theta+\pi)=-\sin\theta$, $\cos(\theta+\pi)=-\cos\theta$

COMMENT 原点中心に半径1の円（これを**単位円**という）を考え，円周上に点 P(x, y) をとる．原点 O と P を結ぶ線分と x 軸の正方向とのなす角を θ とするとき

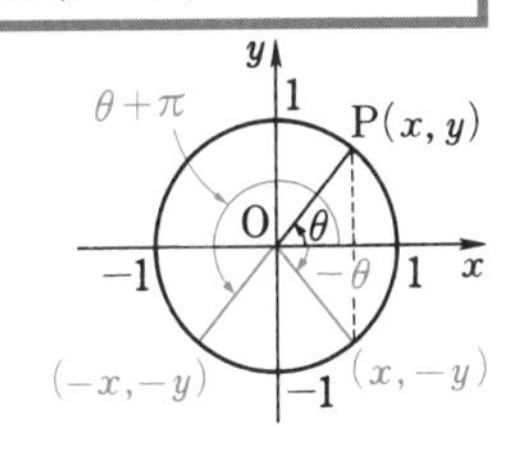

$$\cos\theta=x,\ \sin\theta=y,\ \tan\theta=\frac{y}{x}$$

と，3つの三角関数を定義する．これは数学Ⅰで学んだ三角比（$0\leqq\theta\leqq\pi$）の拡張になっている．

上に述べた公式は，単位円周上の点の位置関係を考えれば，どれも容易に理解できるであろう．

注意 $0\leqq\theta\leqq\pi$ の条件をはずした角を**一般角**というが，一般角であっても，**27**～**31**の公式はすべて成り立つ．また，**$\sin\theta$ と $\cos\theta$ の周期は 2π** であり，**$\tan\theta$ の周期は π** である．

例 $\cos\frac{13}{4}\pi=$ □ である．

解 $\cos\frac{13}{4}\pi=\cos\left(\frac{5}{4}\pi+2\pi\right)=\cos\frac{5}{4}\pi$

$$=\cos\left(\frac{\pi}{4}+\pi\right)=-\cos\frac{\pi}{4}=-\frac{1}{\sqrt{2}}$$

113 三角関数のグラフ ★★

(1)　関数 $y=\sin\theta$

周期 2π

値域は $-1\leqq y\leqq 1$

(2)　関数 $y=\cos\theta$

周期 2π

値域は $-1\leqq y\leqq 1$

(3)　関数 $y=\tan\theta$

周期 π

値域は実数全体

直線 $\theta=\dfrac{\pi}{2}$，$\theta=\dfrac{3}{2}\pi$

などを**漸近線**として

もつ．

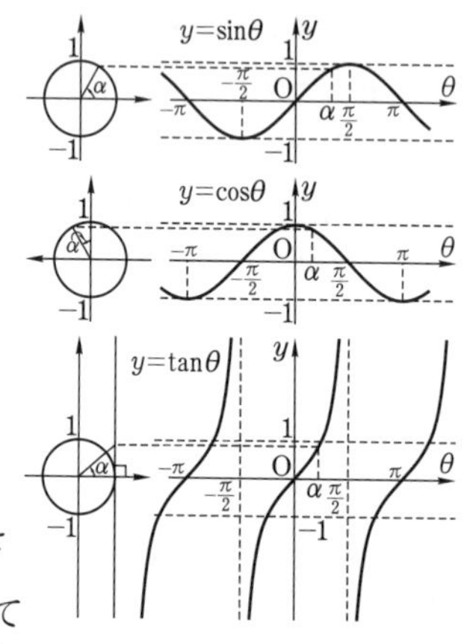

COMMENT　m を正の定数とするとき，$y=m\sin\theta$，$y=m\cos\theta$ のグラフは $y=\sin\theta$，$y=\cos\theta$ のグラフをそれぞれ **y 軸方向へ m 倍**拡大縮小したグラフになる．したがって値域は $-m\leqq y\leqq m$ である．

k を正の定数とするとき，$y=\sin k\theta$，$y=\cos k\theta$ は**周期** $\dfrac{2\pi}{k}$，$y=\tan k\theta$ は**周期** $\dfrac{\pi}{k}$ の周期関数になる．

例　$y=\sin 2\theta$ のグラフをかき，その周期を求めよ．

解　周期は $\dfrac{2\pi}{2}=\pi$ であり，グラフは次の通りである．

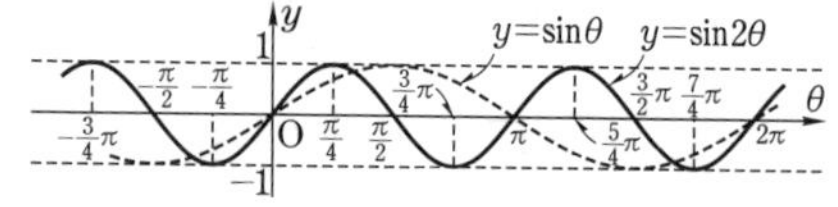

114 正弦・余弦の加法定理 ★★★

$$\sin(\alpha+\beta)=\sin\alpha\cos\beta+\cos\alpha\sin\beta$$
$$\sin(\alpha-\beta)=\sin\alpha\cos\beta-\cos\alpha\sin\beta$$
$$\cos(\alpha+\beta)=\cos\alpha\cos\beta-\sin\alpha\sin\beta$$
$$\cos(\alpha-\beta)=\cos\alpha\cos\beta+\sin\alpha\sin\beta$$

COMMENT 単位円周上の2点 $A(\cos\alpha,\ \sin\alpha)$ と $B(\cos\beta,\ \sin\beta)$ の距離の2乗を2種類考えよう．

余弦定理から

$$AB^2$$
$$=OA^2+OB^2-2OA\cdot OB\cos(\alpha-\beta)$$
$$=2-2\cos(\alpha-\beta)\ \cdots\cdots ①$$

2点の座標がわかっているから，**97**から

$$AB^2=(\cos\alpha-\cos\beta)^2+(\sin\alpha-\sin\beta)^2$$
$$=2-2(\cos\alpha\cos\beta+\sin\alpha\sin\beta)\ \cdots\cdots ②$$

①と②から $\cos(\alpha-\beta)$ の公式が得られ，$\beta\to-\beta$ とすると $\cos(\alpha+\beta)$，$\alpha\to\dfrac{\pi}{2}-\alpha$ とすると $\sin(\alpha+\beta)$ の公式が得られる．

注意 三角関数では，**30**，**31**，**112**などの公式は，**忘れたら加法定理**で展開して導けばよい．

例 $\sin 75^\circ=\dfrac{\sqrt{\boxed{}}+\sqrt{\boxed{}}}{4}$ である．

解 $\sin 75^\circ=\sin(45^\circ+30^\circ)=\sin 45^\circ\cos 30^\circ+\cos 45^\circ\sin 30^\circ$

$$=\frac{1}{\sqrt{2}}\cdot\frac{\sqrt{3}}{2}+\frac{1}{\sqrt{2}}\cdot\frac{1}{2}=\frac{\sqrt{3}+1}{2\sqrt{2}}=\frac{\boldsymbol{\sqrt{6}+\sqrt{2}}}{4}$$

数学Ⅱ

115 正接の加法定理 ★★★

$$\tan(\alpha+\beta)=\frac{\tan\alpha+\tan\beta}{1-\tan\alpha\tan\beta}$$

$$\tan(\alpha-\beta)=\frac{\tan\alpha-\tan\beta}{1+\tan\alpha\tan\beta}$$

COMMENT 正弦と余弦の加法定理から，正接の加法定理を次のように導くことができる．

$$\tan(\alpha\pm\beta)=\frac{\sin(\alpha\pm\beta)}{\cos(\alpha\pm\beta)}=\frac{\sin\alpha\cos\beta\pm\cos\alpha\sin\beta}{\cos\alpha\cos\beta\mp\sin\alpha\sin\beta}$$

$$=\frac{\tan\alpha\pm\tan\beta}{1\mp\tan\alpha\tan\beta}$$ ⇐分母・分子を $\cos\alpha\cos\beta$ で割る

（複号同順）

参考 右図で，

$m_1=\tan\alpha$，$m_2=\tan\beta$

加法定理から，2直線の交角の正接を求めることができる．下記の例題を参照してほしい．

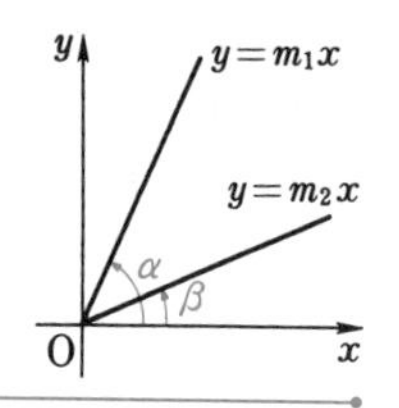

例　2直線 $x-2y+1=0$，$x+3y=0$ の交角は □ である．

解　$y=\frac{1}{2}x+\frac{1}{2}$ と $y=-\frac{1}{3}x$ だから，x 軸の正方向となす角をそれぞれ α，β とすると

$\tan\alpha=\frac{1}{2}$，$\tan\beta=-\frac{1}{3}$

$$\tan(\alpha-\beta)=\frac{\tan\alpha-\tan\beta}{1+\tan\alpha\tan\beta}=\frac{\frac{1}{2}-\left(-\frac{1}{3}\right)}{1+\left(\frac{1}{2}\right)\left(-\frac{1}{3}\right)}=\frac{\frac{5}{6}}{\frac{5}{6}}$$

$$=1 \qquad \therefore\quad \alpha-\beta=\frac{\pi}{4}$$

116 2倍角の公式 ★★★

$$\sin 2\alpha = 2\sin\alpha\cos\alpha$$
$$\cos 2\alpha = \cos^2\alpha - \sin^2\alpha = 2\cos^2\alpha - 1$$
$$= 1 - 2\sin^2\alpha$$
$$\tan 2\alpha = \frac{2\tan\alpha}{1-\tan^2\alpha}$$

COMMENT 加法定理の直接の応用である.

$$\sin 2\alpha = \sin(\alpha+\alpha) = \sin\alpha\cos\alpha + \cos\alpha\sin\alpha$$
$$= 2\sin\alpha\cos\alpha$$
$$\cos 2\alpha = \cos(\alpha+\alpha) = \cos\alpha\cos\alpha - \sin\alpha\sin\alpha$$
$$= \cos^2\alpha - \sin^2\alpha$$
$$= 2\cos^2\alpha - 1 = 1 - 2\sin^2\alpha \quad \cdots\cdots ①$$
$$\tan 2\alpha = \tan(\alpha+\alpha) = \frac{\tan\alpha + \tan\alpha}{1 - \tan\alpha\tan\alpha} = \frac{2\tan\alpha}{1-\tan^2\alpha}$$

参考 ①について，α を $\frac{\alpha}{2}$ で置き換えると，**半角の公式**が得られる．$\sin^2\frac{\alpha}{2} = \frac{1-\cos\alpha}{2}$，$\cos^2\frac{\alpha}{2} = \frac{1+\cos\alpha}{2}$

例 関数 $y = \cos 2x - 4\sin x - 3$ の最大値は [　　]，最小値は [　　] である.

解 $y = \cos 2x - 4\sin x - 3 = 1 - 2\sin^2 x - 4\sin x - 3$
$= -2\sin^2 x - 4\sin x - 2 = -2(\sin x + 1)^2$
$-1 \leqq \sin x \leqq 1$ であるから

最大値は　$\sin x = -1$　のときで **0**
最小値は　$\sin x = 1$　のときで **−8**

117　3倍角の公式　★

$$\sin 3\alpha = 3\sin\alpha - 4\sin^3\alpha$$
$$\cos 3\alpha = 4\cos^3\alpha - 3\cos\alpha$$
$$\tan 3\alpha = \frac{3\tan\alpha - \tan^3\alpha}{1 - 3\tan^2\alpha}$$

COMMENT　加法定理の応用である.

$$\begin{aligned}\sin 3\alpha &= \sin(2\alpha+\alpha) = \sin 2\alpha\cos\alpha + \cos 2\alpha\sin\alpha\\ &= 2\sin\alpha\cos^2\alpha + (1-2\sin^2\alpha)\sin\alpha\\ &= 2\sin\alpha(1-\sin^2\alpha) + (1-2\sin^2\alpha)\sin\alpha\\ &= 3\sin\alpha - 4\sin^3\alpha\end{aligned}$$

$$\begin{aligned}\cos 3\alpha &= \cos(2\alpha+\alpha) = \cos 2\alpha\cos\alpha - \sin 2\alpha\sin\alpha\\ &= (2\cos^2\alpha-1)\cos\alpha - 2\sin\alpha\cos\alpha\sin\alpha\\ &= (2\cos^2\alpha-1)\cos\alpha - 2(1-\cos^2\alpha)\cos\alpha\\ &= 4\cos^3\alpha - 3\cos\alpha\end{aligned}$$

$$\begin{aligned}\tan 3\alpha &= \tan(2\alpha+\alpha) = \frac{\tan 2\alpha + \tan\alpha}{1-\tan 2\alpha\tan\alpha} \times \frac{1-\tan^2\alpha}{1-\tan^2\alpha}\\ &= \frac{2\tan\alpha + \tan\alpha(1-\tan^2\alpha)}{1-\tan^2\alpha - 2\tan\alpha\cdot\tan\alpha} = \frac{3\tan\alpha - \tan^3\alpha}{1-3\tan^2\alpha}\end{aligned}$$

忘れたら　加法定理を利用して導けばよい. だから, 3倍角の公式は, 必ずしも暗記しなくてもよい.

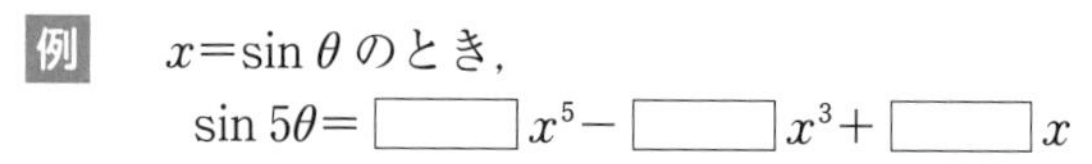

例　$x=\sin\theta$ のとき,

$\sin 5\theta = \boxed{}\,x^5 - \boxed{}\,x^3 + \boxed{}\,x$

解　$\sin 5\theta = \sin(3\theta+2\theta) = \sin 3\theta\cos 2\theta + \cos 3\theta\sin 2\theta$

$$\begin{aligned}&= (3\sin\theta - 4\sin^3\theta)(1-2\sin^2\theta)\\ &\quad + (4\cos^3\theta - 3\cos\theta)\cdot 2\sin\theta\cos\theta\\ &= (3x-4x^3)(1-2x^2) + \{4(1-\sin^2\theta)-3\}\cdot 2\sin\theta(1-\sin^2\theta)\\ &= (3x-4x^3)(1-2x^2) + 2x(1-4x^2)(1-x^2)\\ &= 8x^5 - 10x^3 + 3x + 8x^5 - 10x^3 + 2x = \mathbf{16}x^5 - \mathbf{20}x^3 + \mathbf{5}x\end{aligned}$$

118 合成公式 ★★★

底辺 a, 高さ b の直角三角形で, 直角でない底角を α とすると

$$\boldsymbol{a\sin\theta\pm b\cos\theta=\sqrt{a^2+b^2}\sin(\theta\pm\alpha)}$$

(複号同順)

COMMENT α の決め方から

$$\sin\alpha=\frac{b}{\sqrt{a^2+b^2}},\quad \cos\alpha=\frac{a}{\sqrt{a^2+b^2}}$$

$$\sqrt{a^2+b^2}\sin(\theta\pm\alpha)=\sqrt{a^2+b^2}(\sin\theta\cos\alpha\pm\cos\theta\sin\alpha)$$

$$=\sqrt{a^2+b^2}\left(\sin\theta\times\frac{a}{\sqrt{a^2+b^2}}\pm\cos\theta\times\frac{b}{\sqrt{a^2+b^2}}\right)$$

$=a\sin\theta\pm b\cos\theta$　(複号同順)

この公式は**合成公式**とよばれ, 応用が広い. たとえば θ が任意に変化したとき, $a\sin\theta\pm b\cos\theta$ の最大値は $\sqrt{a^2+b^2}$ であり, そのとき $\theta\pm\alpha=\dfrac{\pi}{2}$ であることもわかる.

注 意 これらを cos でまとめた合成公式もあるが, 少し変形すれば上の形となり, sin でまとめることができる.

例　関数 $\sin(x-60°)-\cos(x+90°)$ の最大値は □ である.

解　$\sin(x-60°)-\cos(x+90°)$

$=\sin x\cos 60°-\cos x\sin 60°-\{\cos x\cos 90°-\sin x\sin 90°\}$

$=\dfrac{1}{2}\sin x-\dfrac{\sqrt{3}}{2}\cos x-0\cdot\cos x+1\cdot\sin x=\dfrac{3}{2}\sin x-\dfrac{\sqrt{3}}{2}\cos x$

$=\sqrt{3}\sin(x-30°)$　　(答)　$\boldsymbol{\sqrt{3}}$

119 積和と和積の公式 ★

$$\begin{cases} 2\sin\alpha\cos\beta=\sin(\alpha+\beta)+\sin(\alpha-\beta) \\ 2\cos\alpha\sin\beta=\sin(\alpha+\beta)-\sin(\alpha-\beta) \\ 2\cos\alpha\cos\beta=\cos(\alpha+\beta)+\cos(\alpha-\beta) \\ -2\sin\alpha\sin\beta=\cos(\alpha+\beta)-\cos(\alpha-\beta) \end{cases}$$

$$\begin{cases} \sin A+\sin B=2\sin\dfrac{A+B}{2}\cos\dfrac{A-B}{2} \\ \sin A-\sin B=2\cos\dfrac{A+B}{2}\sin\dfrac{A-B}{2} \\ \cos A+\cos B=2\cos\dfrac{A+B}{2}\cos\dfrac{A-B}{2} \\ \cos A-\cos B=-2\sin\dfrac{A+B}{2}\sin\dfrac{A-B}{2} \end{cases}$$

COMMENT はじめの公式（積和の公式）は，加法定理から明らかで，次の公式(和積の公式)は，積和の公式で

$$\begin{cases} \alpha+\beta=A \\ \alpha-\beta=B \end{cases} \Longrightarrow \alpha=\frac{A+B}{2},\ \beta=\frac{A-B}{2}$$

と置き換えただけである．

覚え方 4つまとめて並べれば，加法定理の順になっているから覚えやすい．

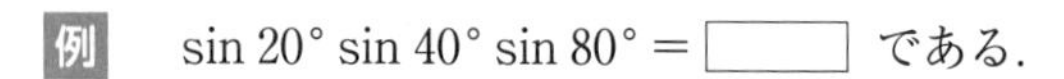

例　$\sin 20°\sin 40°\sin 80°=$ ☐ である．

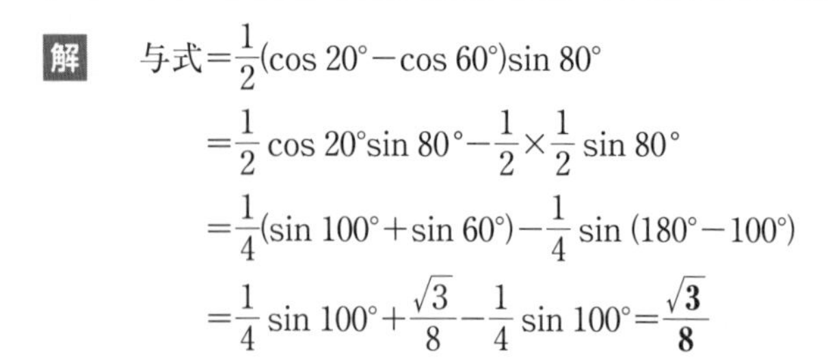

解　与式 $=\dfrac{1}{2}(\cos 20°-\cos 60°)\sin 80°$

$=\dfrac{1}{2}\cos 20°\sin 80°-\dfrac{1}{2}\times\dfrac{1}{2}\sin 80°$

$=\dfrac{1}{4}(\sin 100°+\sin 60°)-\dfrac{1}{4}\sin(180°-100°)$

$=\dfrac{1}{4}\sin 100°+\dfrac{\sqrt{3}}{8}-\dfrac{1}{4}\sin 100°=\mathbf{\dfrac{\sqrt{3}}{8}}$

120 三角方程式 ★★

公式を利用して，$\sin\theta$，$\cos\theta$，$\tan\theta$ のいずれか**1種類とし，その方程式を解く**．

一般解を求めるには，n を整数として

$\sin\theta=\sin\alpha$ なら，$\theta=(-1)^n\alpha+n\pi$

$\cos\theta=\cos\alpha$ なら，$\theta=\pm\alpha+2n\pi$

$\tan\theta=\tan\alpha$ なら，$\theta=\alpha+n\pi$

COMMENT $\sin\theta$ または $\cos\theta$ の値は，単位円周上の点の y 座標または x 座標に対応する．

(112の COMMENT 参照)

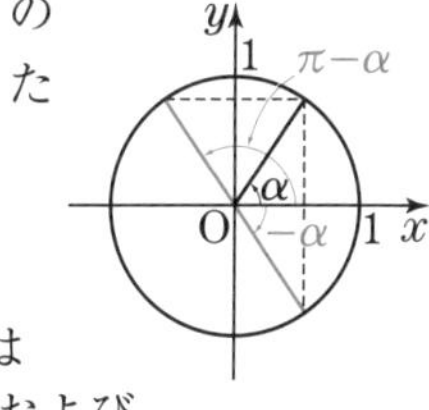

$\sin\theta=\sin\alpha$ のとき

$\sin\alpha=\sin(\pi-\alpha)$ で，一般角では

$$\begin{cases}\theta=\alpha+2m\pi & \cdots\cdots① \\ \theta=\pi-\alpha+2m\pi & \cdots\cdots②\end{cases}$$

および

この2つをまとめたものが　$\theta=(-1)^n\alpha+n\pi$　で，n が偶数なら①を，奇数ならば②を表している．

$\cos\theta$ については図から，$\tan\theta$ については周期が π のことから明らかであろう．

忘れたら 右上図を思い出そう．

例　方程式 $\sin x-\sqrt{3}\cos x-\sqrt{3}=0$ $(0\leqq x<2\pi)$ の解は，小さい方から $x=$ [　　] と $x=$ [　　] である．

解 $\sin x-\sqrt{3}\cos x=\sqrt{3}$ の左辺に合成公式を使って

$2\sin\left(x-\dfrac{\pi}{3}\right)=\sqrt{3}$，$\sin\left(x-\dfrac{\pi}{3}\right)=\dfrac{\sqrt{3}}{2}$

$0\leqq x<2\pi$ であるから

$x-\dfrac{\pi}{3}=\dfrac{\pi}{3}$，$\dfrac{2}{3}\pi$　　∴　$x=\boldsymbol{\dfrac{2}{3}\pi}$，$\boldsymbol{\pi}$

数学Ⅱ

121 三角不等式 ★★

1種類の三角関数で表し，その方程式を解くところまでは，三角方程式と同じ．
不等式を解いて θ の範囲を求めるには

単位円周上 $\begin{cases} \cos\theta \text{ は } x \text{ 座標} \\ \sin\theta \text{ は } y \text{ 座標} \end{cases}$ と考えよ．

COMMENT $a \leqq \cos\theta \leqq b$ のとき，右図より，単位円周上 $a \leqq x \leqq b$ となる円弧を考え，それに対する角 α と β を求める．$0 \leqq \theta < 2\pi$ の条件では，$\alpha \leqq \theta \leqq \beta$，$2\pi - \beta \leqq \theta \leqq 2\pi - \alpha$ が解となる．

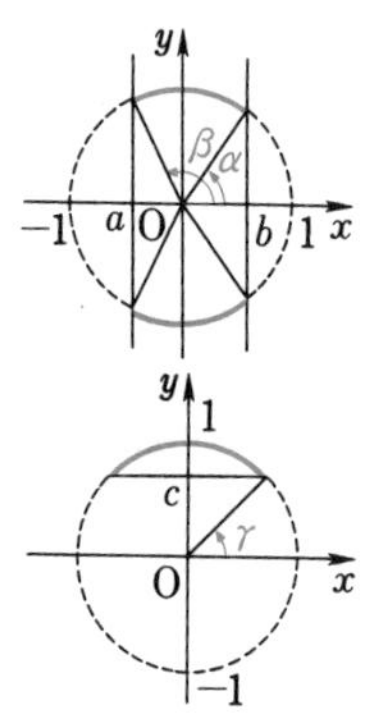

同様に，右図は，不等式 $c < \sin\theta$ で，$c < y$ と考えて，図より γ を求め，

$$\gamma < \theta < \pi - \gamma$$

という解を得ることを示している．

注意 三角不等式では，つねに $-1 \leqq \sin\theta \leqq 1$，$-1 \leqq \cos\theta \leqq 1$ の条件があることに気をつけよう．

例 $0 \leqq x \leqq \pi$ のとき，不等式 $\sin x + \cos 2x \geqq 1$ をみたす x の範囲は

$0 \leqq x \leqq$ □，□ $\leqq x \leqq$ □

解 $\sin x + \cos 2x - 1 \geqq 0$

$\sin x + 1 - 2\sin^2 x - 1 \geqq 0$

$\sin x(1 - 2\sin x) \geqq 0$

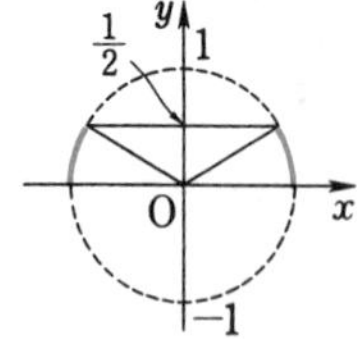

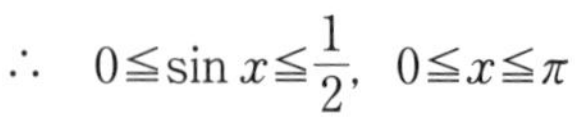

$\therefore\quad 0 \leqq \sin x \leqq \dfrac{1}{2}$，$0 \leqq x \leqq \pi$

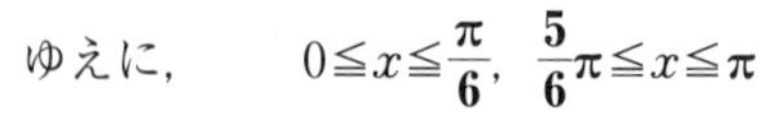

ゆえに，　$\boldsymbol{0 \leqq x \leqq \dfrac{\pi}{6}}$，$\boldsymbol{\dfrac{5}{6}\pi \leqq x \leqq \pi}$

122 指数法則 ★★★

指数の拡張　$a>0$ とする．

$$a^0=1,\quad a^{-n}=\frac{1}{a^n},\quad a^{\frac{m}{n}}=\sqrt[n]{a^m}=(\sqrt[n]{a})^m$$

指数法則

$$a^n a^m=a^{n+m},\quad \frac{a^n}{a^m}=a^{n-m}$$

$$(a^n)^m=a^{nm},\qquad (ab)^n=a^n b^n$$

数学II

COMMENT　同じ a を k 回掛け合わせたものを a^k と表すことはすでに中学で学んでいるが，このときの指数 k は正の整数に限られていた．

この指数 k を，0 や，負の数や，有理数に拡張したものが上の決め方で，このように拡張しても，指数法則はすべて成り立つ．

この指数を変数 x として，$y=a^x$ の形を**指数関数**という．指数関数は，**$1<a$ ならば単調増加，$0<a<1$ ならば単調減少**である．

参考　ここでの a は正の数である．$a<0$ で $x=\frac{1}{2}$ のときは84でとり扱った．

例　$x^{\frac{1}{2}}+x^{-\frac{1}{2}}=3$ のとき，$x^2+x^{-2}=$ □ である．

解　$x+x^{-1}=\left(x^{\frac{1}{2}}+x^{-\frac{1}{2}}\right)^2-2$　　　⇐$A^2+B^2=(A+B)^2-2AB$

$=3^2-2=7$

$x^2+x^{-2}=(x+x^{-1})^2-2=7^2-2=$**47**

123 指数と対数 ★★★

$a>0$, $a \neq 1$ のとき

$$y=a^x \iff x=\log_a y$$

（a は指数の底）　（a は対数の底）

$$a^0=1,\ a^1=a \qquad \log_a 1=0,\ \log_a a=1$$

$$a^{\log_a x}=x \qquad \log_a a^x=x$$

COMMENT 指数関数　$y=a^x$ を x について解いたものが対数　$x=\log_a y$ である.

対数記号の後にある数，ここでは y であるが，それを**真数**という．$a>0$ ならば $y=a^x>0$ であるから，**真数はつねに正**である．これを**真数条件**といい，対数の問題ではいつもそれを考える必要がある.

x と y を交換して　$y=\log_a x$　を考えると，これが対数関数であって，指数のときと同様に，**$1<a$ ならば単調増加**，**$0<a<1$ ならば単調減少**となる.

注意　対数の底 a の条件は　$0<a<1$ または $1<a$ であり，真数 x の条件は　$x>0$　である.

底 $a=10$ のときの対数を**常用対数**という.

例　$\log_x y=-1$ のとき，$4x^2+y^2$ は $x=$ [　　　]，$y=$ [　　　] のとき，最小値 [　　　] をとる.

解　$\log_x y=-1$ だから $y=x^{-1}$

$4x^2+y^2=4x^2+x^{-2} \geqq 2\sqrt{4x^2 \cdot x^{-2}}=4$ ⇐ **相加・相乗平均**

等号成立は $4x^2=\dfrac{1}{x^2}$，$x^4=\dfrac{1}{4}$，$x>0$ から $x=\dfrac{1}{\sqrt{2}}$

$y=x^{-1}=\sqrt{2}$　　　（答）順に　$\boldsymbol{\dfrac{1}{\sqrt{2}}}$，$\boldsymbol{\sqrt{2}}$，**4**

数学Ⅱ

124 対数の基本性質 ★★★

$x>0$, $y>0$ とする.

$$\log_a xy=\log_a x+\log_a y$$

$$\log_a \frac{x}{y}=\log_a x-\log_a y$$

$$\log_a x^n=n\log_a x$$

COMMENT $\log_a x=p$, $\log_a y=q$ とおくと

$$x=a^p,\quad y=a^q$$

$xy=a^pa^q=a^{p+q}$ から

$$\log_a xy=p+q=\log_a x+\log_a y$$

$\dfrac{x}{y}=\dfrac{a^p}{a^q}=a^{p-q}$ から

$$\log_a \frac{x}{y}=p-q=\log_a x-\log_a y$$

$x^n=(a^p)^n=a^{np}$ から

$$\log_a x^n=np=n\log_a x$$

注意 $x>0$ の条件がないとき, $\log_a x^2=2\log_a x$ は正しいとは限らない. $x<0$ の場合も考えれば, 一般に $\boldsymbol{\log_a x^2=2\log_a |x|}$ が正しい.

$\log_3 54+\log_3 4.5+\log_3 \dfrac{1}{27\sqrt{3}}-\log_3 \sqrt[3]{81}=\dfrac{1}{\boxed{}}$

である.

解 $\log_3 54+\log_3 4.5+\log_3 (27\sqrt{3})^{-1}-\log_3 \sqrt[3]{81}$

$=\log_3 (54\times 4.5)-\log_3 (27\sqrt{3})-\log_3 \sqrt[3]{3^4}$

$=\log_3 243-\log_3 3^{3+\frac{1}{2}}-\log_3 3^{\frac{4}{3}}$

$=5-\dfrac{7}{2}-\dfrac{4}{3}=\dfrac{30-21-8}{6}=\dfrac{1}{\boldsymbol{6}}$

125 底の変換公式 ★★★

$$\log_a b=\frac{\log_c b}{\log_c a}$$

とくに　$\log_a b=\dfrac{1}{\log_b a}$

COMMENT $\log_a b=p$ とおくと　$b=a^p$

$\log_c a=q$ とおくと　$a=c^q$

よって，$b=a^p=(c^q)^p=c^{qp}$

これにより　　$qp=\log_c b$

すなわち　　$(\log_c a)(\log_a b)=\log_c b$

$$\therefore\quad \log_a b=\frac{\log_c b}{\log_c a}$$

これが底の変換公式である．124の基本公式は同じ底でなくては使えない．だから，異なる底の対数の問題では，まず**この公式で底をそろえる**ことが必要である．

覚え方 真数は分子に，底は大きくして分母にもってきて，log をつけ，任意の底 c（ただし，$c>0$，$c\neq1$）を両方につければよい．

例　$\log_2 3\cdot\log_7 8\cdot\log_{243} 343=$ □ である．

解　$\log_2 3\cdot\log_7 8\cdot\log_{243} 343$

$$=\frac{\log_2 3}{\log_2 2}\cdot\frac{\log_2 8}{\log_2 7}\cdot\frac{\log_2 343}{\log_2 243}=\frac{\log_2 3}{\log_2 2}\cdot\frac{\log_2 2^3}{\log_2 7}\cdot\frac{\log_2 7^3}{\log_2 3^5}$$

$$=\frac{\log_2 3}{\log_2 2}\cdot\frac{3\log_2 2}{\log_2 7}\cdot\frac{3\log_2 7}{5\log_2 3}=\mathbf{\frac{9}{5}}$$

126 不等式と指数・対数 ★★

> $1<a$ のとき
>
> $a^p<a^q \rightleftarrows p<q \rightleftarrows \log_a p<\log_a q$
>
> $0<a<1$ のとき
>
> $a^p>a^q \rightleftarrows p<q \rightleftarrows \log_a p>\log_a q$

COMMENT 右図は指数関数 $y=a^x$ のグラフで，実線は $1<a$ の場合を，点線は $0<a<1$ の場合を表している．

これより，$p<q$ のとき，$1<a$ ならば，$a^p<a^q$ のことがわかる．

対数関数 $y=\log_a x$ についても同様であって，右図のグラフから，$\log_a p$ と $\log_a q$ の大小関係が，$1<a$ の場合と $0<a<1$ の場合とでは，逆転することがわかる．

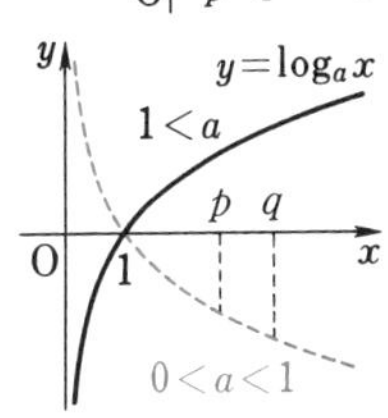

覚え方 指数関数でも対数関数でも，a(底)>1 であれば，大小関係は変わらない．

例 $0<a<1$ で，$\log_a(x-2)^2>0$ のとき，これをみたす x の範囲は，$\boxed{\quad}<x<\boxed{\quad}$，ただし，$x\neq\boxed{\quad}$．

解 $\log_a(x-2)^2>0=\log_a 1$，$0<a<1$ だから

$(x-2)^2<1$，$x^2-4x+4<1$，$x^2-4x+3<0$

$(x-1)(x-3)<0$　から　$\mathbf{1<x<3}$

しかし，真数条件 $(x-2)^2>0$ から $x\neq\mathbf{2}$

注意 $x-2$ の符号が不明だから

$\log_a(x-2)^2=2\log_a(x-2)$ としてはいけない．

127 指数方程式・不等式 ★★★

(1) $a^x=t$ または $a^x+a^{-x}=t$ とおいて t についての方程式に帰着させる.
(2) t についての方程式を解く.
(3) $\begin{cases} t=a^x & \text{のときは } t>0 \\ t=a^x+a^{-x} & \text{のときは } t\geqq 2 \end{cases}$
に着目して x にもどす.

COMMENT $a^x=t$ とおくのが最もよくある型で

$$(a^x)^2=t^2,\ \frac{1}{a^{x+1}}=\frac{1}{at},\ a^{3+3x}=a^3t^3$$

などのように t で表すことができる.

$a^x+a^{-x}=t$ とおいたときには相加平均 ≧ 相乗平均の関係により $t=a^x+a^{-x}\geqq 2\sqrt{a^x\cdot a^{-x}}=2$ が得られ，等号は $a^x=a^{-x}$，すなわち，$x=0$ のときに限る.

注意 指数不等式では126が役立つことも多い.

例 方程式 $3(9^x+9^{-x})-7(3^x+3^{-x})-4=0$ の解は

$$x=\pm\boxed{}$$

解 $3^x+3^{-x}=t$ とおくと

$$9^x+9^{-x}=(3^x+3^{-x})^2-2=t^2-2$$

よって，もとの方程式は $3(t^2-2)-7t-4=0$ とおける.

$$3t^2-7t-10=(3t-10)(t+1)=0$$

$t\geqq 2$ だから　$t=\dfrac{10}{3}$　　$\therefore$　$3^x+3^{-x}=\dfrac{10}{3}$

$$3(3^x)^2-10\cdot 3^x+3=(3\cdot 3^x-1)(3^x-3)=0$$

$$3^x=3^{-1}\ \text{と}\ 3^x=3\ \text{から}\ x=\pm\mathbf{1}$$

128 対数方程式・不等式 ★★★

対数方程式の考え方

(1) **$\log_a x = t$ とおいて，t の方程式にする.**

(2) **底をそろえて**

$\log_a A = \log_a B$ から $A = B$ を導く.

(3) **「文字^{文字}」の形は両辺の対数をとる.**

COMMENT 対数方程式にはいろいろな形のものがあるが，ここではよく現れる3つの型について，考え方を述べた．とくに(2)の型では，真数条件に注意する必要がある.

注意 対数不等式についても，解法の方針は方程式と同様であるが，**126**の原理を忘れないように.

例 (1) $(\log_{10} x)^2 + \log_{10} x^2 - 3 = 0$ の解は

$x = \square,\ \dfrac{1}{\square}$ である.

(2) $\log_2 (x+1) + \log_2 (x-3) < 5$ の解は

$\square < x < \square$ である.

解 (1) 真数条件より $x > 0$

$(\log_{10} x)^2 + 2\log_{10} x - 3 = 0$

これより $\log_{10} x = t$ とおけば，$t^2 + 2t - 3 = (t+3)(t-1) = 0$

$t = \log_{10} x = 1$ から $x = \mathbf{10}$

$t = \log_{10} x = -3$ から $x = \dfrac{1}{\mathbf{1000}}$

(2) 真数条件は $x+1>0$，$x-3>0$ だから $3<x$

$\log_2 (x+1)(x-3) < \log_2 2^5$ と考えれば，$1<$底

よって，$(x+1)(x-3) < 2^5$，$x^2 - 2x - 3 < 32$

$x^2 - 2x - 35 = (x-7)(x+5) < 0$，$-5 < x < 7$

真数条件との共通部分を考えて，$\mathbf{3 < x < 7}$

129 対数と桁数 ★★

$N \leqq \log_{10} x < N+1$
$\Longleftrightarrow$ x の整数部分は $(N+1)$ 桁
$-(N+1) \leqq \log_{10} x < -N$
$\Longleftrightarrow$ x は，小数第 $(N+1)$ 位に，はじめて 0 でない数が現れる．

COMMENT 整数部分が 2 桁の数 x では $10 \leqq x < 100$
一般に整数部分が **$(N+1)$ 桁の数では $10^N \leqq x < 10^{N+1}$**
この対数をとれば，$N \leqq \log_{10} x < N+1$
　小数点以下 2 桁にはじめて 0 でない数が現れる数 x については，$0.01 = 10^{-2} \leqq x < 10^{-1} = 0.1$
一般に，**小数点以下 $(N+1)$ 桁にはじめて 0 でない数が現れる x については，$10^{-(N+1)} \leqq x < 10^{-N}$**
この対数をとれば，$-(N+1) \leqq \log_{10} x < -N$ を得る．
　よって，$\log_{10} x = 12.345$ なら，x の整数部分は 13 桁，$\log_{10} x = -3.14$ なら，x は小数第 4 位にはじめて 0 でない数が現れる．

参考 $\log_{10} 2 = 0.3010$，$\log_{10} 3 = 0.4771$ で
$0.3010 < 0.345 < 0.4771$ だから，$\log_{10} x = 12.345$ となる x の最高位の数字は 2 である．

例　$\log_{10} 2 = 0.3010$ だから，2^{50} の桁数は ［　　］ である．

解 $x = 2^{50}$ とおくと
　$\log_{10} x = \log_{10} 2^{50} = 50 \log_{10} 2 = 50 \times 0.3010 = 15.05$
これより，x は **16** 桁の整数である．

130 極限計算 ★★★

(1) 分母・分子をそれぞれ**因数分解**して，**約分**してから極限をとる．
(2) **根号は有理化する**．
(3) 極限値があれば，**分母 →0 ならば分子 →0 と考えよ**．このとき，$x \to \alpha$ ならば，分母も分子も $(x-\alpha)$ で割り切れる．

COMMENT 上に述べたのは，極限計算の考え方である．
(1) 分母・分子がそれぞれ x の多項式の極限計算では，そのままで極限をとると，$\dfrac{0}{0}$ の形になることが多い．そのときには，因数分解して約分する．
(2) 根号の有理化は，分母の有理化ばかりでなく，分子の有理化もあることに注意．
(3) $\displaystyle\lim_{x\to\alpha}\frac{f(x)}{x-\alpha}=k$ ならば

$$f(\alpha)=\lim_{x\to\alpha}f(x)=\lim_{x\to\alpha}\frac{f(x)}{(x-\alpha)}\cdot(x-\alpha)=k\times0=0$$

参考 $\displaystyle\lim_{x\to\alpha}f(x)=A$，$\displaystyle\lim_{x\to\alpha}g(x)=B$ なら

$$\lim_{x\to\alpha}\{kf(x)+lg(x)\}=kA+lB$$

例 $\displaystyle\lim_{x\to2}\frac{x^2+ax+b}{x-2}=3$ のとき

$a=$ □，$b=$ □

解 分母 →0 より分子 →0 で

$$4+2a+b=0,\quad b=-2a-4$$

$$\lim_{x\to2}\frac{x^2+ax-2a-4}{x-2}=\lim_{x\to2}\frac{(x-2)(x+2+a)}{x-2}$$

$=4+a=3$　　∴　$a=\mathbf{-1}$，$b=\mathbf{-2}$

数学Ⅱ

131　微分係数　★★

$$\lim_{h\to 0}\frac{f(a+h)-f(a)}{h}=f'(a)$$

$$\lim_{x\to a}\frac{f(x)-f(a)}{x-a}=f'(a)$$

COMMENT　この式で定義される $f'(a)$ を**微分係数**という．第１式で，$a+h=x$ とおくと，$h=x-a$ となり，それが第２式であるから，実質は同じ式である．

この公式から

$$\lim_{h\to 0}\frac{f(a+2h)-f(a)}{2h},\quad \lim_{h\to 0}\frac{f(a-h)-f(a)}{-h}$$

$$\lim_{h\to 0}\frac{f(a+h^2)-f(a)}{h^2}$$

はすべて $f'(a)$ である．

参考　$\dfrac{f(b)-f(a)}{b-a}$ の形を，関数 $f(x)$ の a から b までの**平均変化率**という．微分係数は $b\to a$ としたときの，平均変化率の極限である．

例　$\displaystyle\lim_{h\to 0}\frac{f(3+3h)-f(3-2h)}{h}=\boxed{}\,f'(3)$

解　$\displaystyle\lim_{h\to 0}\frac{f(3+3h)-f(3-2h)}{h}$

$$=\lim_{h\to 0}\frac{f(3+3h)-f(3)-\{f(3-2h)-f(3)\}}{h}$$

$$=\lim_{h\to 0}\left\{3\cdot\frac{f(3+3h)-f(3)}{3h}-(-2)\cdot\frac{f(3-2h)-f(3)}{-2h}\right\}$$

$$=3f'(3)-(-2)f'(3)=\mathbf{5}f'(3)$$

132 微分法 ★★★

$$f'(x)=\lim_{h\to 0}\frac{f(x+h)-f(x)}{h}$$
$$\{af(x)+bg(x)\}'=af'(x)+bg'(x)$$
$$(x^n)'=nx^{n-1},\quad \{(x-\alpha)^n\}'=n(x-\alpha)^{n-1}$$

COMMENT 131の微分係数 $f'(a)$ で，a を x に変えたものが $f(x)$ の導関数 $f'(x)$ で，**導関数を求めることを「微分する」という．**

基本的な次の公式を証明しておこう．

$$(x^n)'=\lim_{h\to 0}\frac{(x+h)^n-x^n}{h}$$ ⇐ **分子に二項定理を使う**

$$=\lim_{h\to 0}\frac{x^n+nx^{n-1}h+{}_n\mathrm{C}_2x^{n-2}h^2+\cdots+h^n-x^n}{h}$$

$$=\lim_{h\to 0}(nx^{n-1}+{}_n\mathrm{C}_2x^{n-2}h+\cdots+h^{n-1})=nx^{n-1}$$

x の代わりに $(x-\alpha)$ を考えれば

$\boldsymbol{\{(x-\alpha)^n\}'=n(x-\alpha)^{n-1}}$ も得られる．

注意 一般の多項式 $f(x)=ax^n+bx^{n-1}+\cdots+cx+d$ では，$f'(x)=nax^{n-1}+(n-1)bx^{n-2}+\cdots+c$ となる．

例 関数 $f(x)=ax^3+bx^2+cx+d$ が，すべての x について $f(x)=-xf'(x)+(x-1)^3$ をみたすとき，$a=$ □，$b=$ □，$c=$ □，$d=$ □ である．

解 $f(x)=-xf'(x)+(x-1)^3$ から

$$ax^3+bx^2+cx+d$$
$$=-x(3ax^2+2bx+c)+x^3-3x^2+3x-1$$

$a=-3a+1$，$b=-2b-3$，$c=-c+3$，$d=-1$ ⇐94

から　　$a=\boldsymbol{\frac{1}{4}}$，$b=\boldsymbol{-1}$，$c=\boldsymbol{\frac{3}{2}}$，$d=\boldsymbol{-1}$

133 接線 ★★★

曲線 $y=f(x)$ 上の点 $(x_0,\ f(x_0))$ での接線は

$$\boldsymbol{y=f'(x_0)(x-x_0)+f(x_0)}$$

曲線 $y=f(x)$ 外の点 $(a,\ b)$ から，この曲線に接線をひくとき，接点を $(t,\ f(t))$ とし

$$\boldsymbol{b=f'(t)(a-t)+f(t)}$$

から t を求めれば，接点の x 座標が求められる．

COMMENT 微分係数 $f'(x_0)$ は，図形的には，曲線 $y=f(x)$ 上の点 $(x_0,\ f(x_0))$ での接線の傾きである．だから，この接線の方程式は，傾き $f'(x_0)$ で $(x_0,\ f(x_0))$ を通る直線として，**99**より

$$y=f'(x_0)(x-x_0)+f(x_0)$$

曲線外の点 $(a,\ b)$ から曲線 $y=f(x)$ に接線をひくには，まず，曲線上の任意の点 $(t,\ f(t))$ での接線を考え，

$$y=f'(t)(x-t)+f(t) \quad \cdots\cdots ①$$

これが $(a,\ b)$ を通る条件は

$$b=f'(t)(a-t)+f(t) \quad \cdots\cdots ②$$

だから，これから t を求めて①に代入すればよい．

注意 $f(x)$ が3次以下の曲線なら，②の実数解の数が $(a,\ b)$ を通る接線の本数となるが，4次以上の曲線では異なる2点で接する接線があり，実数解の数が接線の本数とは限らない．

例 曲線 $y=x^2$ の，$(1,\ 0)$ を通る接線は，x 軸と直線　$y=$ □ $x-$ □　である．

解 $y'=2x$ だから，曲線上の点 $(t,\ t^2)$ での接線は

$$y=2t(x-t)+t^2 \Longrightarrow y=2tx-t^2 \cdots\cdots ①$$

$(1,\ 0)$ を通るから $0=2t-t^2=t(2-t)$

$t\neq 0$ より $t=2$　　①に代入して　$y=\boldsymbol{4}x-\boldsymbol{4}$

134 放物線の 2 接線の交点 ★

放物線 $y=ax^2+bx+c\ (a\neq 0)$ 上で，x 座標が α, β となる 2 点で接線をひけばその交点の x 座標は

$$\frac{\alpha+\beta}{2}$$

COMMENT $y'=2ax+b$ だから，曲線上の点 $\mathrm{P}(\alpha,\ f(\alpha))$ での接線は

$y=(2a\alpha+b)(x-\alpha)$
$\quad+a\alpha^2+b\alpha+c$

$y=(2a\alpha+b)x-a\alpha^2+c$ ……①

同様に $\mathrm{Q}(\beta,\ f(\beta))$ での接線は

$y=(2a\beta+b)x-a\beta^2+c$ ……②

①－②：　$2a(\alpha-\beta)x-a(\alpha^2-\beta^2)=0$

$$\therefore\quad x=\frac{a(\alpha^2-\beta^2)}{2a(\alpha-\beta)}=\frac{\alpha+\beta}{2}$$

これが，2 接線の交点 R の x 座標である.

参考 R の y 座標は $a\alpha\beta+\dfrac{b(\alpha+\beta)}{2}+c$ となるが，記憶する必要はない.

数学Ⅱ

例 放物線 $y=x^2-2x+2$ に，点 $(2,\ -7)$ から 2 本の接線をひくと，接点は $(-1,\ \boxed{})$ と $(\boxed{},\ \boxed{})$ である.

解 第 2 の接点の x 座標を α とすると，$\dfrac{(-1)+\alpha}{2}=2$ より $\alpha=5$, 接点はともに放物線上にあり，y 座標は

$(-1)^2-2(-1)+2=1+2+2=5$

$5^2-2\times5+2=25-10+2=17$

よって，接点は $(-1,\ \mathbf{5})$ と $(\mathbf{5},\ \mathbf{17})$

135 増減と極値 ★★★

$f'(x)>0$ の区間 ⟶ $f(x)$ は増加
$f'(x)<0$ の区間 ⟶ $f(x)$ は減少
$f'(x)$ の符号が $x=x_0$ で
　正から負に変化 ⟶ $f(x_0)$ は極大値
　負から正に変化 ⟶ $f(x_0)$ は極小値

COMMENT 以上のことを調べるには，関数 $f(x)$ の増減表をつくれば見やすいので，そのつくり方を示そう．

(1)　$f'(x)=0$ の実数解を小さい順に並べる．
(2)　$f'(x)$ の符号として，一番右に，$f(x)$（または $f'(x)$）の最高次の係数の符号をかき入れる．
(3)　右から $f'(x)=0$ となる点を通過するごとに，正負の符号を交互に入れる．

x		x_1		x_2	$\cdots$	x_n		←(1)
$f'(x)$		0		0	$\cdots$	0		←(2)
$f(x)$			(3)					

注意 (3)で，$f'(x)$ の因数で 2 乗のものがあれば，そこで同符号が続く．符号は一般に奇数乗で変え，偶数乗で変えない．

例　関数 $y=x^3(x-4)$ の極小値は $\boxed{}$ である．

解　$y=x^3(x-4)=x^4-4x^3$
$y'=4x^3-12x^2$
$\quad=4x^2(x-3)$
増減は右表．

x	$\cdots$	0	$\cdots$	3	$\cdots$
y'	$-$	0	$-$	0	$+$
y	↘		↘		↗

よって，極小値は　$f(3)=3^3\cdot(3-4)=\mathbf{-27}$

136　3 次曲線と方程式　★★

3 次方程式 $f(x)=ax^3+bx^2+cx+d=0$ $(a\neq 0)$ が，**相異なる 3 個の実数解をもつ条件**は
$f'(x)=3a(x-\alpha)(x-\beta)$ とおくとき，
α と β は異なる実数で，$\boldsymbol{f(\alpha)f(\beta)<0}$

COMMENT　まず，3 次曲線 $y=f(x)$ には，右図の 4 種がある．右上がりか，右下がりかは，x^3 の係数 a の符号で決まる．

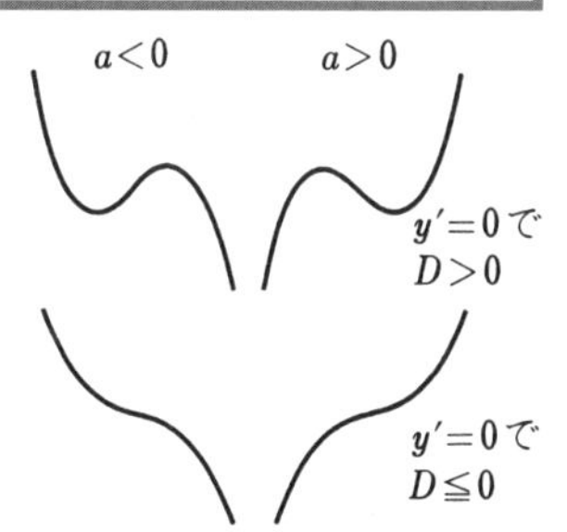

また，極大，極小があるときは $f'(x)=0$ となる点が 2 つあるから，$f'(x)=0$ を 2 次方程式と考えれば，判別式 D の符号は正となり，逆に $D\leqq 0$ ならば，$f(x)$ の極値はなく，関数は単調増加または単調減少となる．

$f(x)=0$ の解は，このグラフと x 軸との交点で，それが 3 個あるのは $D>0$ の場合で，極大値と極小値が異符号であればよいので，上の結果を得る．

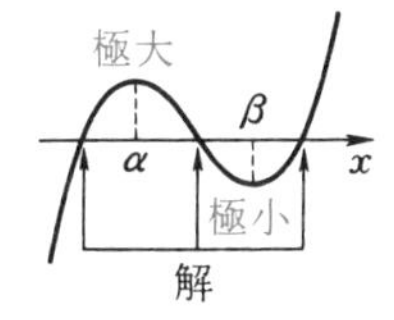

例　方程式 $f(x)=2x^3+3x^2-12x+a=0$ が，相異なる 3 個の実数解をもつとき $\boxed{}<a<\boxed{}$ である．

解　$f'(x)=6x^2+6x-12=6(x+2)(x-1)$

$$f(-2)f(1)=(-16+12+24+a)(2+3-12+a)$$
$$=(a+20)(a-7)<0$$
$$\therefore\quad \boldsymbol{-20<a<7}$$

数学Ⅱ

137 接線の本数 ★

3 次曲線 $C: y=f(x)$ に，平面上の点からひける接線の本数は，点が右図のそれぞれの領域内にあれば，表示された数である．

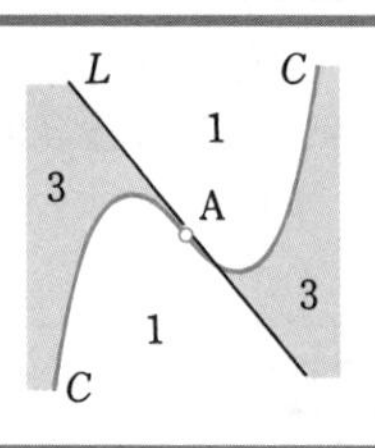

COMMENT 3 次曲線 $y=f(x)$ 上の，点 $(a,\ b)$ を通る接線の本数は，133の「注意」より $b=f'(t)(a-t)+f(t)$ の実数解の数に等しく，それを136と同様な考えで調べたものをまとめたのが上の結果である．

$f''(x)=0$ をみたす点を A とし，A での接線を L とすると上の図が確定する．点 $(a,\ b)$ が C と L で区切られた 4 つの領域のどこにあるかによって，$(a,\ b)$ からひける接線の数が 3 本または 1 本と決まる．

注 意 $(a,\ b)$ が C または L の上にあれば，接線の本数は 2 本であるが，点 A のみ 1 本となる．

例 3 次曲線 $y=x^3-6x^2+7$ に，y 軸上の点から 3 本接線がひけるとき，その点の y 座標は

$\boxed{\quad} < y < \boxed{\quad}$

解 $y'=3x^2-12x$ だから，$x=t$ での接線の方程式は

$y=(3t^2-12t)(x-t)+t^3-6t^2+7$

これが $(0,\ y)$ を通れば

$y=-3t^3+12t^2+t^3-6t^2+7=-2t^3+6t^2+7$

ここで，$f(t)=2t^3-6t^2+y-7$ とおいて，$f(t)=0$ が相異なる 3 個の実数解をもつような y の値の範囲を求めればよい（136を利用）．すなわち，

$f'(t)=6t^2-12t=6t(t-2)=0$ より $t=0,\ 2$　よって，

$f(0)f(2)=(y-7)(y-15)<0$ より，$\mathbf{7<y<15}$

138 積分法 ★★★

$F'(x)=f(x)$ のとき $\displaystyle\int f(x)dx=F(x)+C$

$\displaystyle\int_a^b f(x)dx=\Big[F(x)\Big]_a^b=F(b)-F(a)$

$\displaystyle\int_a^b \{\alpha f(x)+\beta g(x)\}dx$

$\displaystyle=\alpha\int_a^b f(x)dx+\beta\int_a^b g(x)dx$

$\displaystyle\int x^n dx=\frac{x^{n+1}}{n+1}+C$

$\displaystyle\int (x-\alpha)^n dx=\frac{(x-\alpha)^{n+1}}{n+1}+C$

$\displaystyle\int_{-a}^a x^{\text{偶数}}dx=2\int_0^a x^{\text{偶数}}dx$, $\displaystyle\int_{-a}^a x^{\text{奇数}}dx=0$

数学Ⅱ

COMMENT 微分法の逆演算が積分法である．

$\displaystyle\int f(x)dx$ を**不定積分**，$\displaystyle\int_a^b f(x)dx$ を**定積分**という．

不定積分では，積分した結果に C をつける．この C を**積分定数**という．

参考 $\displaystyle\int(ax^n+bx^{n-1}+\cdots+k)dx$

$$=\frac{a}{n+1}x^{n+1}+\frac{b}{n}x^n+\cdots+kx+C$$

例 $\displaystyle\int_{-2}^2(x^2+2x-4)(x+1)dx=$ ☐ である．

解 $\displaystyle\int_{-2}^2(x^2+2x-4)(x+1)dx=\int_{-2}^2(x^3+3x^2-2x-4)dx$

$\displaystyle=2\int_0^2(3x^2-4)dx=2\Big[x^3-4x\Big]_0^2=2(8-8)=\mathbf{0}$

139 積分方程式 ★★

未知関数の積分を含む等式では

$\int_a^b f(t)dt$ 型 $\Longrightarrow$ **この値を k とおけ.**

$\int_a^x f(t)dt$ 型 $\Longrightarrow$ $\dfrac{d}{dx}\int_a^x f(t)dt=f(x)$

を使え.

COMMENT 未知の関数の積分を含む等式を**積分方程式**といい，未知関数 $f(x)$ を求めることが問題となるが，これには2つの型がある．

$\int_a^b f(t)dt$ を含むときは，$\int_a^b f(t)dt=k \cdots$ ①　とおくと，関数の形が定まる．それを①に代入して k の値を定めれば，$f(x)$ が求められる．

$\int_a^x f(t)dt$ を含むときは，両辺を x で微分すると，微分と積分は逆演算だから $\dfrac{d}{dx}\int_a^x f(t)dt=f(x)$ が使える．また，もとの等式で，$x=a$ とおくと，条件が1つ出る．

例　$f(x)=8x+3\int_0^1 f(t)dt$ のとき，

$f(x)=$ ☐ $x-$ ☐

解　$\int_0^1 f(t)dt=k$ ……①とおくと　$f(x)=8x+3k$

①より $\int_0^1 (8t+3k)dt=\Big[4t^2+3kt\Big]_0^1=4+3k=k$

$k=-2$，$f(x)=\mathbf{8}x-\mathbf{6}$

140 面積 ★★★

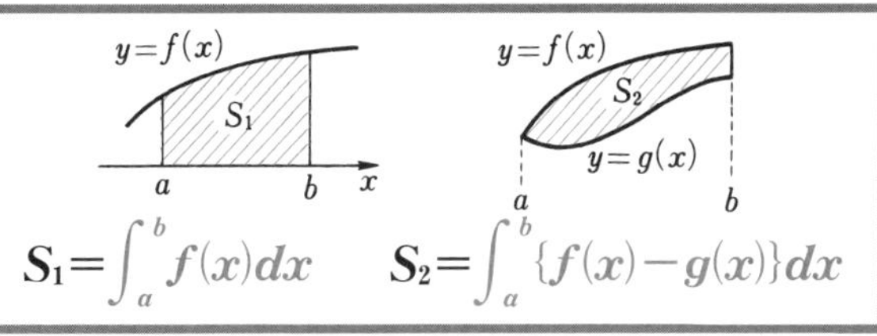

$$S_1=\int_a^b f(x)dx \qquad S_2=\int_a^b \{f(x)-g(x)\}dx$$

COMMENT 上図の斜線部分はそれぞれ

$\{(x,\ y)\,|\,a\leqq x\leqq b,\ 0\leqq y\leqq f(x)\}$

$\{(x,\ y)\,|\,a\leqq x\leqq b,\ g(x)\leqq y\leqq f(x)\}$

という領域を表し，これらの面積が右辺の定積分である．

参考 右図の斜線部分の面積は，簡単に $\int_a^c |f(x)-g(x)|dx$ と表せるが，実際は $\int_a^b \{f(x)-g(x)\}dx+\int_b^c \{g(x)-f(x)\}dx$ である．

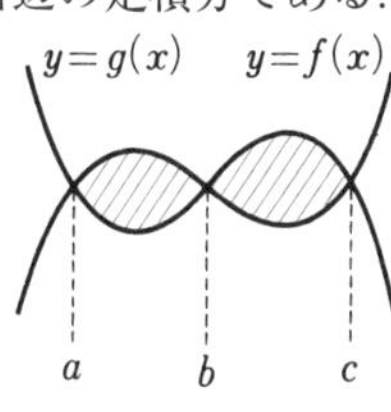

例 曲線 $y=x^3-3x^2+2x$ と x 軸とで囲まれた部分の面積は ＿＿＿ である．

解 $y=x(x^2-3x+2)$

$=x(x-1)(x-2)$

$\int(x^3-3x^2+2x)dx$

$=\dfrac{x^4}{4}-x^3+x^2+C=F(x)+C$

とおくと，

面積 $=\Big[F(x)\Big]_0^1-\Big[F(x)\Big]_1^2=2F(1)-F(0)-F(2)$

$=2\times\dfrac{1}{4}-0-(4-8+4)=\mathbf{\dfrac{1}{2}}$

141 放物線と面積 ★★★

放物線 $y=ax^2+bx+c\ (a\neq 0)$ 上の2点P，Qの x 座標がそれぞれ α，β のとき，この放物線と線分PQによって囲まれる図形の面積を S とすると，$\alpha<\beta$ として

$$S=\frac{|a|(\beta-\alpha)^3}{6}$$

COMMENT 直線PQ：$y=mx+n$ とすると

$$ax^2+bx+c=mx+n$$

の2つの解が α と β だから

$$ax^2+bx+c-mx-n$$
$$=a(x-\alpha)(x-\beta)$$

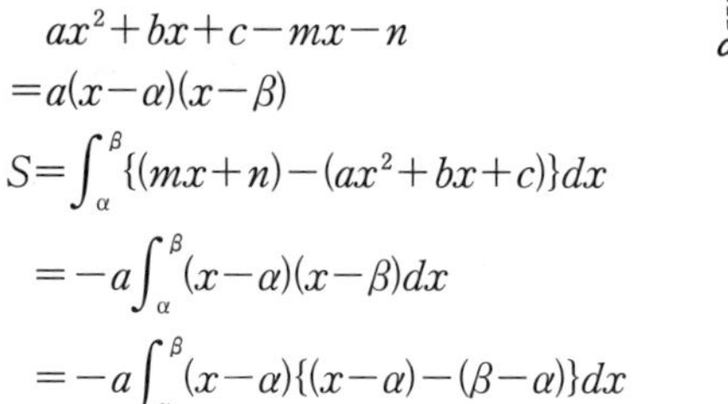

$$S=\int_\alpha^\beta\{(mx+n)-(ax^2+bx+c)\}dx$$
$$=-a\int_\alpha^\beta(x-\alpha)(x-\beta)dx$$
$$=-a\int_\alpha^\beta(x-\alpha)\{(x-\alpha)-(\beta-\alpha)\}dx$$
$$=-a\left[\frac{(x-\alpha)^3}{3}-(\beta-\alpha)\frac{(x-\alpha)^2}{2}\right]_\alpha^\beta=\frac{a(\beta-\alpha)^3}{6}$$

注意 この図は $a>0$ の場合であるが，$a<0$ ならば結果は異符号となるので，合わせて $|a|$ とすればよい．

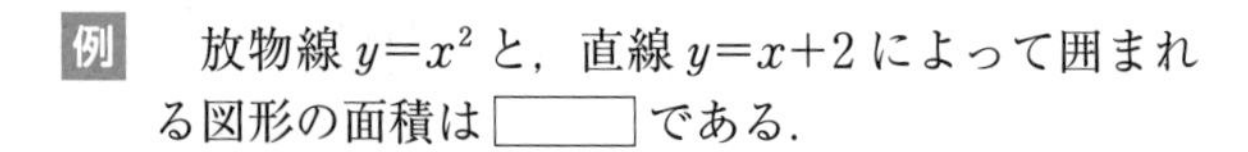

例 放物線 $y=x^2$ と，直線 $y=x+2$ によって囲まれる図形の面積は ☐ である．

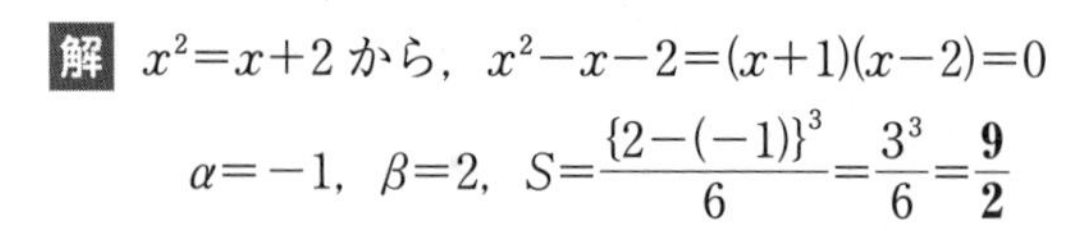

解 $x^2=x+2$ から，$x^2-x-2=(x+1)(x-2)=0$

$$\alpha=-1,\ \beta=2,\ S=\frac{\{2-(-1)\}^3}{6}=\frac{3^3}{6}=\mathbf{\frac{9}{2}}$$

142 接線と面積 ★★

放物線 $y=ax^2+bx+c\ (a\neq 0)$ 上の 2 点 P, Q の x 座標がそれぞれ α, β のとき，この放物線と P, Q での 2 接線とで囲まれる図形の面積 S は，$\alpha<\beta$ として

$$\boldsymbol{S=\frac{|a|(\beta-\alpha)^3}{12}}$$

COMMENT 133から，P, Q の接線の方程式は $y=(2a\alpha+b)x-a\alpha^2+c$

$y=(2a\beta+b)x-a\beta^2+c$

また，134から 2 接線の交点 R の x 座標は

$$\frac{\alpha+\beta}{2}$$

$$S=\int_\alpha^{\frac{\alpha+\beta}{2}}\{(ax^2+bx+c)-(2a\alpha+b)x+a\alpha^2-c\}dx$$

$$+\int_{\frac{\alpha+\beta}{2}}^{\beta}\{(ax^2+bx+c)-(2a\beta+b)x+a\beta^2-c\}dx$$

右辺第 1 項 $=\displaystyle\int_\alpha^{\frac{\alpha+\beta}{2}}(ax^2-2a\alpha x+a\alpha^2)dx$

$$=a\int_\alpha^{\frac{\alpha+\beta}{2}}(x-\alpha)^2dx=a\left[\frac{(x-\alpha)^3}{3}\right]_\alpha^{\frac{\alpha+\beta}{2}}$$

$$=\frac{a}{3}\left(\frac{\alpha+\beta}{2}-\alpha\right)^3=\frac{a(\beta-\alpha)^3}{24}$$

右辺第 2 項も同様に同じ値となり，公式が得られる.

覚え方 141の半分の値と考えればよい.

例 曲線 $y=x^2$ と，曲線上の x 座標が $x=-2$, 4 の 2 点でひいた 2 接線とで囲まれる図形の面積は，［　　］である.

解 $\{4-(-2)\}^3\div 12=6^3\div 12=\mathbf{18}$

143 絶対値と積分 ★★

> 曲線 $y=f(x)$, x 軸, 2 直線 $x=a$, $x=b$ で囲まれた部分の面積は，定積分 $\int_a^b |\boldsymbol{f(x)}|\,\boldsymbol{dx}$ である．

COMMENT 定積分の値は，グラフが x 軸の上方では正，下方で負となるので，絶対値があれば各部分ごとに分けて，積分の値を計算する．たとえば，$a<\alpha<\beta<b$ のとき，定積分 $\int_a^b |(x-\alpha)(x-\beta)|\,dx$ は，右図斜線部分の面積を表している．

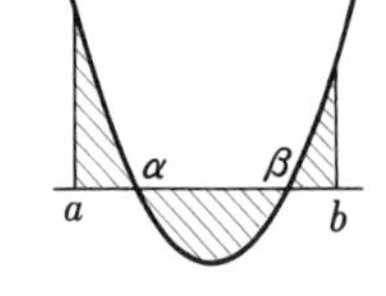

実際には

$$\int_a^{\alpha}(x-\alpha)(x-\beta)dx-\int_{\alpha}^{\beta}(x-\alpha)(x-\beta)dx$$
$$+\int_{\beta}^{b}(x-\alpha)(x-\beta)dx$$

を計算しなくてはならない．

参考 $\int(x-\alpha)(x-\beta)dx=F(x)+C$ とおけば，上の積分は，$2F(\alpha)-2F(\beta)-F(a)+F(b)$ になる．

例 $\int_0^3 |x-2|\,dx=$ ［　　　］ である．

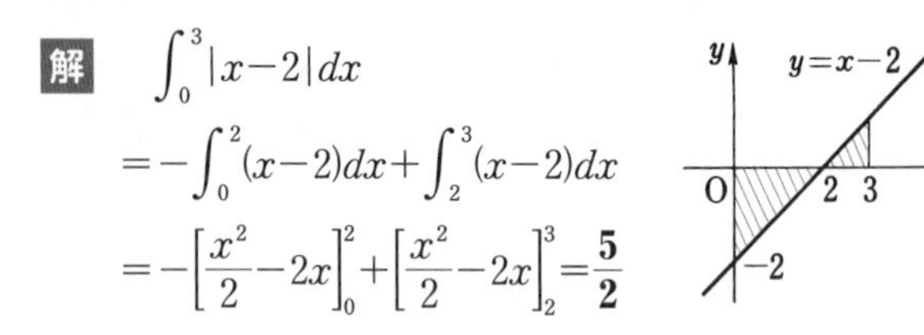

解 $\int_0^3 |x-2|\,dx$

$$=-\int_0^2(x-2)dx+\int_2^3(x-2)dx$$

$$=-\left[\frac{x^2}{2}-2x\right]_0^2+\left[\frac{x^2}{2}-2x\right]_2^3=\boldsymbol{\frac{5}{2}}$$

144 等差数列 ★★★

初項 a，公差 d の等差数列では

$$a_n = a + (n-1)d$$

$$S_n = \frac{n}{2}\{2a + (n-1)d\}$$

COMMENT 数列 $\{a_n\}$ の隣り合った項の間に，$a_{n+1} = a_n + d$ $(n=1,\ 2,\ \cdots)$ の関係があるとき，この数列を公差 d の**等差数列**という．

$a_1 = a$，$a_2 = a + d$，$a_3 = a + 2d$，$\cdots$

だから，第 n 項（一般項ともいう）は $a_n = a + (n-1)d$ となり，初項から第 n 項までの和を S_n とすると

$$S_n = a + (a+d) + \cdots + a + (n-1)d \quad \cdots\cdots ①$$

これを順序を逆にして並べると

$$S_n = a + (n-1)d + a + (n-2)d + \cdots + a \quad \cdots\cdots ②$$

①＋②：$2S_n = \{2a + (n-1)d\} \times n$

これより，上に述べた和の公式が得られる．

参考 和の公式は，$S_n = \dfrac{n}{2}(a + a_n)$ と表してもよい．

数学B

例 第 10 項が 1，第 16 項が 5 の等差数列で，第 20 項までの和は，$S_{20} =$ □ である．

解 $a_{10} = a + 9d = 1$ $\cdots\cdots$ ①　$a_{16} = a + 15d = 5$ $\cdots\cdots$ ②

②－①：$6d = 4$，$d = \dfrac{2}{3}$

①より $a = 1 - 9d = 1 - 6 = -5$

$$S_{20} = \frac{20}{2}\left\{2 \times (-5) + 19 \times \frac{2}{3}\right\}$$

$$= 10\left(-10 + \frac{38}{3}\right) = 10 \times \frac{8}{3} = \mathbf{\frac{80}{3}}$$

145 等比数列 ★★★

初項 a，公比 r の等比数列では

$$\boldsymbol{a_n = ar^{n-1}}$$

$$\boldsymbol{S_n = \begin{cases} a\cdot\dfrac{1-r^n}{1-r} & (r \neq 1) \\ na & (r=1) \end{cases}}$$

COMMENT 数列 $\{a_n\}$ で，$a_{n+1}=ra_n\ (n=1,\ 2,\ \cdots)$ の関係があるとき，この数列を公比 r の**等比数列**という．

$a_1=a,\ a_2=ar,\ a_3=ar^2,\ \cdots$

だから，第 n 項は ar^{n-1} である．

第 n 項までの和 S_n は，$r=1$ のとき，同じ a が n 個並んだ和だから，$S_n=na$ となる．

$r \neq 1$ のときには

$$S_n=a+ar+ar^2+\cdots+ar^{n-1}=a(1+r+r^2+\cdots+r^{n-1})$$

$$S_n(1-r)=a(1+r+r^2+\cdots+r^{n-1})(1-r)$$

$$\therefore\quad S_n(1-r)=a(1-r^n)\qquad \therefore\quad S_n=a\cdot\frac{1-r^n}{1-r}$$

注意 $r>1$ のとき，$\boldsymbol{S_n=a\cdot\dfrac{r^n-1}{r-1}}$ を使うと便利．

例 初項 3，第 6 項が -96 の等比数列の第 10 項までの和は ☐．ただし，公比は実数とする．

解 $a_6=3\cdot r^5=-96$ から $r^5=-32$　　$\therefore\quad r=-2$

$$S_{10}=3\times\frac{1-(-2)^{10}}{1-(-2)}=1-2^{10}=1-1024=\boldsymbol{-1023}$$

146 複利計算 ★

毎年はじめに a 円ずつ年利率 r で1年ごとの複利で積み立てるとき，n 年後の積立金の元利合計は

$$\frac{a(1+r)\{(1+r)^n-1\}}{r}$$

COMMENT 元金 a を1年預けると，利子が ar つくので元利合計は $a+ar=a(1+r)$ となる．1年で $(1+r)$ 倍となるから，n 年後の元利合計は $a(1+r)^n$ である．

2年目のはじめに a 円預けると，n 年目の終わりまでに $(n-1)$ 年しかないので，元利合計は $a(1+r)^{n-1}$．

以下同様に預ける年数が1年ずつ減るので，n 年目のはじめに積み立てた a 円の元利合計は $a(1+r)$．

以上の和が求めるもので，後から順に加えると，これは初項 $a(1+r)$，公比 $(1+r)$，項数 n の等比数列の和であるから，上記の公式を得る．

参考 年利率 r で b 円借りて，毎年末に等額 a 円を払って n 年で返すには，返済金を積立金と考えて，次式から a が求められる．

$$b(1+r)^n=\frac{a\{(1+r)^n-1\}}{r}$$

例 年利4%の1年ごとの複利で，毎年はじめに1万円ずつ5年積み立てる．$1.04^5=1.217$ として元利合計は［　　　］円となる．

解 $\dfrac{1\times1.04(1.04^5-1)}{0.04}=\dfrac{1.04\times0.217}{0.04}=5.642$（万円）

（答）**56420円**

数学B

147 約数の和 ★

自然数 N の素因数分解が

$$N=p^aq^br^c$$

であれば，N の正の約数の和は

$$\frac{p^{a+1}-1}{p-1}\cdot\frac{q^{b+1}-1}{q-1}\cdot\frac{r^{c+1}-1}{r-1}$$

COMMENT N の約数は $p^kq^lr^m$ の形で，

$k=0,\ 1,\ \cdots,\ a\quad l=0,\ 1,\ \cdots,\ b\quad m=0,\ 1,\ \cdots,\ c$

である．

これらの約数は，次の式の展開式

$$(1+p+\cdots+p^a)\cdot(1+q+\cdots+q^b)\cdot(1+r+\cdots+r^c)$$

の中にちょうど1個ずつ含まれているので，約数のすべての和は，この式の値を計算すればよい．

ところが，この式の各項は，それぞれが初項1，公比は $p,\ q,\ r$，項数は $(a+1)$，$(b+1)$，$(c+1)$ の等比数列の和となっているので，等比数列の和の公式145より，上の結果を得る．

注意 $(1+p+\cdots+p^a)$ に含まれる項数は，**$(a+1)$ 個である．これを a 個と間違える**ことが多いので，注意が必要である．

例 整数180のすべての正の約数の和は[　　]である．

解 素因数分解は $180=2^2\cdot3^2\cdot5$

求める和は $\dfrac{2^3-1}{2-1}\cdot\dfrac{3^3-1}{3-1}\cdot\dfrac{5^2-1}{5-1}=7\cdot13\cdot6=\mathbf{546}$

数学B

148 3数の関係 ★★

a, b, c がこの順で**等差数列**をなせば

$$a+c=2b$$

a, b, c がこの順で**等比数列**をなせば

$$ac=b^2$$

COMMENT a, b, c がこの順で等差数列をなすとき，公差を d とすると　$b=a+d$, $c=a+2d$

$$\therefore\quad a+c=a+(a+2d)=2(a+d)=2b$$

a, b, c がこの順で等比数列をなすとき，公比を r とすると　$b=ar$, $c=ar^2$

$$\therefore\quad ac=a(ar^2)=(ar)^2=b^2$$

3数の場合には，公差や公比をもち出さなくても，これらの原理を使った方が，計算が簡単なことが多い．

参考 逆に，$a+c=2b$ のとき，a, b, c はこの順で等差数列をなす．しかし $ac=b^2$ であっても，$a=0$, $b=0$, $c=1$ のように，a, b, c がこの順で等比数列とはいえないが，0がなければ逆も成り立つ．

数学B

例 x, y, -4 と y, x, -4 がそれぞれこの順に等差数列，等比数列となるとき，$x \neq y$ とすると

$x=$ □ , $y=$ □

解 題意より $x-4=2y$ ……①，$-4y=x^2$ ……②

①より $x=2y+4$，これを②に代入して

$-4y=(2y+4)^2$, $4y^2+20y+16=4(y+1)(y+4)=0$

$y=-4$ のとき $x=-4$ となり，$x \neq y$ に反す．

$y=-1$ のとき $x=2$ は題意に適す．

（答）順に **2**, **−1**

149 等差・等比混合型数列 ★★★

等差数列 $\{a_n\}$ と等比数列 $\{b_n\}$ について

$$\boldsymbol{S_n=a_1b_1+a_2b_2+\cdots+a_nb_n}$$

を求めるには，等比数列の公比を r $(r\neq 1)$ とするとき

S_n-rS_n **をつくれ.**

COMMENT $a_n=a+(n-1)d$，$b_n=br^{n-1}$ $(r\neq 1)$ とする.

$$S_n=ab+(a+d)br+(a+2d)br^2+\cdots+\{a+(n-1)d\}br^{n-1}$$

$$-)\ rS_n=abr+(a+d)br^2+(a+2d)br^3+\cdots+\{a+(n-1)d\}br^n$$

$$S_n-rS_n=ab+dbr+dbr^2+\cdots+dbr^{n-1}-\{a+(n-1)d\}br^n$$

$$(1-r)S_n=ab+dbr\cdot\frac{1-r^{n-1}}{1-r}-\{a+(n-1)d\}br^n$$

$$\therefore\quad S_n=\frac{ab-\{a+(n-1)d\}br^n}{1-r}+\frac{dbr(1-r^{n-1})}{(1-r)^2}$$

注意 S_n-rS_n の引き算で，上のように，同類項どうしを斜めに引くのがポイント．そうすると，右辺で等比数列の和の公式が使える.

例 $S_n=1+2\cdot2+3\cdot2^2+\cdots+n\cdot2^{n-1}$
$=(n-\boxed{})\times\boxed{}^{\,n}+\boxed{}$

解 $2S_n=2+2\cdot2^2+\cdots+(n-1)\cdot2^{n-1}+n\cdot2^n$

$$\therefore\quad S_n-2S_n=1+2+2^2+\cdots+2^{n-1}-n\cdot2^n$$

$$-S_n=\frac{2^n-1}{2-1}-n\cdot2^n$$

$$S_n=n\cdot2^n-(2^n-1)=(n-\mathbf{1})\times\mathbf{2}^n+\mathbf{1}$$

150 Σの計算 ★★★

$$\sum_{k=1}^{n} 1 = n,\quad \sum_{k=1}^{n} k = \frac{n(n+1)}{2}$$

$$\sum_{k=1}^{n} k^2 = \frac{n(n+1)(2n+1)}{6},\quad \sum_{k=1}^{n} k^3 = \frac{n^2(n+1)^2}{4}$$

COMMENT 数列 $\{a_n\}$ について $a_1+a_2+\cdots+a_n$ を $\sum_{k=1}^{n} a_k$ と表す.

ここで, Σ はギリシャ文字で「シグマ」と発音する.

Σ には, 次の性質がある.

$$\sum_{k=1}^{n} l a_k = l \sum_{k=1}^{n} a_k,\quad \sum_{k=1}^{n} (a_k \pm b_k) = \sum_{k=1}^{n} a_k \pm \sum_{k=1}^{n} b_k \text{（複号同順）}$$

参考 $a_3+a_4+a_5+a_6$ は $\sum_{k=3}^{6} a_k$ とも $\sum_{k=2}^{5} a_{k+1}$ とも表される.

一般に $\sum_{k=m}^{n} a_k = \sum_{k=m-l}^{n-l} a_{k+l}$ （l を加える，l を引く）

という関係がある.

例 $1\cdot3+2\cdot5+3\cdot7+\cdots+n\cdot(2n+1)$

$$= \frac{n(n+\boxed{})(\boxed{}\,n+\boxed{})}{6}$$

解 $\sum_{k=1}^{n} k(2k+1)$ ⇐ 第 n 項の n を k に変える

$$= 2\sum_{k=1}^{n} k^2 + \sum_{k=1}^{n} k = 2\times\frac{n(n+1)(2n+1)}{6} + \frac{n(n+1)}{2}$$

$$= \frac{n(n+1)}{6}\{2(2n+1)+3\} = \frac{n(n+\mathbf{1})(\mathbf{4}n+\mathbf{5})}{6}$$

数学B

151 分数型数列の和 ★★★

$\displaystyle\sum_{k=1}^{n}\frac{\sim}{f(k)f(k+1)}$ を求めるには

$$\sum_{k=1}^{n}l\left(\frac{1}{f(k)}-\frac{1}{f(k+1)}\right)=l\left(\frac{1}{f(1)}-\frac{1}{f(n+1)}\right)\ \cdots ⊛$$

と変形せよ.

COMMENT この型には，いろいろな類形がある.

$\displaystyle\sum_{k=1}^{n}\frac{\sim}{f(k)f(k+2)}$ ならば $\displaystyle\sum_{k=1}^{n}l\left(\frac{1}{f(k)}-\frac{1}{f(k+2)}\right)$ と変形し，結果は $l\left(\dfrac{1}{f(1)}+\dfrac{1}{f(2)}-\dfrac{1}{f(n+1)}-\dfrac{1}{f(n+2)}\right)$

と 4 項が残る.

$\displaystyle\sum_{k=1}^{n}\frac{\sim}{f(k)f(k+1)f(k+2)}$ ならば

$\displaystyle\sum_{k=1}^{n}l\left(\frac{1}{f(k)f(k+1)}-\frac{1}{f(k+1)f(k+2)}\right)$ と変形し，

結果は $l\left(\dfrac{1}{f(1)f(2)}-\dfrac{1}{f(n+1)f(n+2)}\right)$ となる.

注意 上の⊛の式で，l を求めるには，

$\dfrac{1}{f(k)}-\dfrac{1}{f(k+1)}$ を計算して原式と比べる.

例 $\dfrac{1}{2\cdot5}+\dfrac{1}{5\cdot8}+\dfrac{1}{8\cdot11}+\cdots+\dfrac{1}{(3n-1)(3n+2)}$

$=\dfrac{n}{2(\boxed{}\,n+\boxed{})}$

解 $\displaystyle\sum_{k=1}^{n}\frac{1}{(3k-1)(3k+2)}=\frac{1}{3}\sum_{k=1}^{n}\left(\frac{1}{3k-1}-\frac{1}{3k+2}\right)$

$=\dfrac{1}{3}\left(\dfrac{1}{2}-\dfrac{1}{3n+2}\right)=\dfrac{1}{3}\cdot\dfrac{3n+2-2}{2(3n+2)}=\dfrac{n}{2(\mathbf{3}n+\mathbf{2})}$

数学B

152 S_nについての問題 ★★★

$S_n=a_1+a_2+\cdots+a_n$ が既知のとき

$$a_n=\begin{cases}S_n-S_{n-1} & (n\geqq 2)\\ S_1 & (n=1)\end{cases}$$

COMMENT $S_n=a_1+a_2+\cdots+a_{n-1}+a_n\ (n\geqq 1)$
のとき，　$S_{n-1}=a_1+a_2+\cdots+a_{n-1}\ (n\geqq 2)$
となるから，$n\geqq 2$ のときに辺々引いて

$$S_n-S_{n-1}=a_n$$

を得る．

しかし，$n=1$ のときにこの公式を使うと S_0（無意味）が出てしまうので，このときだけは S_n の定義に戻って，$a_1=S_1$ とすればよい．

参考 S_n が n の式として $S_n=f(n)$ として与えられているとき，$f(0)=0$ であれば，
$a_n=S_n-S_{n-1}=f(n)-f(n-1)$ の式に $n=1$ を代入すれば，$a_1=f(1)=S_1$ が出るので，2 つに分ける必要はない．しかし，$f(0)\neq 0$ のこともあるから，2 つに分けるクセをつけた方が安全である．

第 n 項までの和 S_n が $n^2+n+1\ (n\geqq 1)$ で与えられる数列 $\{a_n\}$ で，$a_1=$ ☐，$n\geqq 2$ のとき $a_n=$ ☐ n である．

$a_1=S_1=1+1+1=\mathbf{3}$

$n\geqq 2$ のとき

$$a_n=S_n-S_{n-1}=n^2+n+1-(n-1)^2-(n-1)-1$$
$$=n^2+n+1-n^2+2n-1-n+1-1=\mathbf{2n}$$

数学B

153 群数列 ★★

群数列で，第 n 群の項数を p_n とすると，第 n 群の初項は，もとの数列の

第 $(p_1+p_2+\cdots+p_{n-1})+1$ 項　である．

COMMENT 群数列とは，数列 $\{a_n\}$ をいくつかずつ区切って群にしたものである．

たとえば，奇数よりなる数列 $\{2n-1\}$ で

1，3 |5，7，9，11 |13，15，17，19，21，23 |25 ……

1群　2群　3群　4群

のように，2個，4個，6個，8個，… ずつをまとめて1群，2群，3群，4群，… としたときには

$$p_1=2,\ p_2=4,\ p_3=6,\ p_4=8,\ \cdots$$

となるから，第 n 群の初項は

$$\{2+4+6+\cdots+2(n-1)\}+1=2\times\frac{n(n-1)}{2}+1$$
$$=n^2-n+1$$

番目の奇数として

$2(n^2-n+1)-1=2n^2-2n+1$ が現れる．

注意 第 n 群の末項ならば，もとの数列の

第 $(p_1+p_2+\cdots+p_n)$ 項である．

例　1，2，2，3，3，3，4，4，4，4，5，5，5，5，5，6，…… と続く数列で，最初の10は［　　］番目に現れる．

解　最初の10は，第10群の初項であるから，これは最初から数えると

$$(1+2+3+\cdots+9)+1=\frac{9\times10}{2}+1=\mathbf{46}\ (\text{番目})$$

154 格子点の個数 ★

2つの整数係数の多項式 $f(x)$, $g(x)$ $(f(x) \leqq g(x))$ があるとき，不等式 $a \leqq x \leqq b$, $f(x) \leqq y \leqq g(x)$ をみたす格子点 (x, y) の個数は

$$\sum_{k=a}^{b}\{g(k)-f(k)+1\} \quad (a, b \text{ は整数})$$

COMMENT この不等式を，xy 平面上の領域として表すと，右図斜線部分のようになる（境界を含む）.

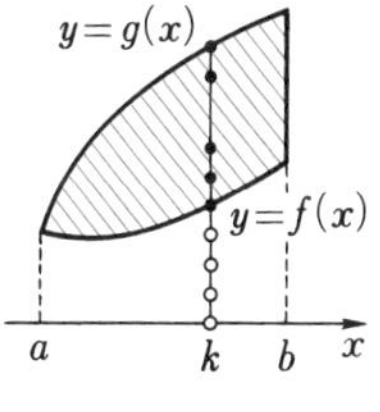

格子点とは，x 座標，y 座標がともに整数となる点のことで，斜線部内のこのような点を数えればよい.

直線 $x=k$ 上で，斜線部分および境界に含まれる格子点の数は整数係数であるので $g(k)-f(k)+1$ 個だから，これらを加え合わせて，上の結果を得る.

例 $0 \leqq x \leqq 10$, $0 \leqq y \leqq x^2$ をみたすような整数の組 (x, y) の個数は ［　　］ 個である.

解 $a=0$, $b=10$, $f(x)=0$, $g(x)=x^2$

と考えて

$$\sum_{k=0}^{10}(k^2+1)=\sum_{k=0}^{10}k^2+\sum_{k=0}^{10}1$$

$$=\frac{10\cdot 11\cdot 21}{6}+11$$

$$=385+11=\mathbf{396}\text{（個）}$$

$\left(\sum_{k=0}^{n}k^2=\sum_{k=1}^{n}k^2,\ \text{しかし} \sum_{k=0}^{10}1 \neq \sum_{k=1}^{10}1 \text{ に注意}\right)$

155 階差数列 ★★★

$$a_n = a_1 + \sum_{k=1}^{n-1}(a_{k+1} - a_k) \quad (n \geqq 2)$$

COMMENT 数列 $\{a_n\}$ について，隣りどうしの項の差

$$b_n = a_{n+1} - a_n$$

を**階差**といい，数列 $\{b_n\}$ をもとの数列 $\{a_n\}$ の**階差数列**という．階差数列が定数列 $\{d\}$ とは，もとの数列 $\{a_n\}$ が公差 d の等差数列であることと同じである．

$$\sum_{k=1}^{n-1}(a_{k+1} - a_k) = (a_2 - a_1) + (a_3 - a_2) + \cdots + (a_n - a_{n-1})$$
$$= a_n - a_1$$

これに a_1 を加えれば a_n となり，これが上の公式である．

この公式によって，$\{a_n\}$ の階差数列 $\{b_n\}$ がわかれば

$a_n = a_1 + \sum_{k=1}^{n-1} b_k$ と，一般項 a_n を求めることができる．

注意 この公式で Σ の上の添数は，**n ではなくて $n-1$** であるから間違えないこと．

数学B

例 $a_1 = 2$, $a_{n+1} - a_n = 3n - 1$ $(n \geqq 1)$ のとき

$a_n =$ ＿＿＿ である．

解 $n \geqq 2$ のとき

$$a_n = a_1 + \sum_{k=1}^{n-1}(a_{k+1} - a_k) = 2 + \sum_{k=1}^{n-1}(3k - 1)$$

$$= 2 + 3 \cdot \frac{n(n-1)}{2} - (n-1) = \frac{4 + 3n^2 - 3n - 2n + 2}{2} = \frac{3n^2 - 5n + 6}{2}$$

この式で $n = 1$ とすると　$a_1 = \frac{3 \cdot 1^2 - 5 \cdot 1 + 6}{2} = 2$

したがって　$a_n = \boldsymbol{\frac{3n^2 - 5n + 6}{2}}$ $(n \geqq 1)$

156　2項間漸化式　★★★

$a_{n+1}=pa_n+q$　$(n \geqq 1)$ のとき

$p=1$ なら　$a_n=a_1+(n-1)q$

$p \neq 1$ なら　$a_n=\dfrac{q}{1-p}+\left(a_1-\dfrac{q}{1-p}\right)p^{n-1}$

COMMENT　$a_{n+1}=pa_n+q$ ……①　を**2項間漸化式**という．

$p=1$ なら，$a_{n+1}=a_n+q$ から $\{a_n\}$ は公差 q の等差数列．$p \neq 1$ なら，1次方程式 $\alpha=p\alpha+q$ ……②を考え，

①−② より $a_{n+1}-\alpha=p(a_n-\alpha)$

これより $\{a_n-\alpha\}$ は公比 p の等比数列で

$$a_n-\alpha=(a_1-\alpha)p^{n-1},\quad a_n=\alpha+(a_1-\alpha)p^{n-1}$$

これに②の解 $\alpha=\dfrac{q}{1-p}$ を代入すれば上の結果となる．

結果を記憶するよりも，公式を導くのに使った考え方をしっかり理解して，マネることが大切．

参考　$a_{n+1}=pa_n+q^n$ 型ならば，両辺を q^n で割ると

$$\frac{a_{n+1}}{q^n}=\frac{pa_n}{q \cdot q^{n-1}}+1 \Longrightarrow b_{n+1}=\frac{p}{q}b_n+1\quad \left(b_n=\frac{a_n}{q^{n-1}}\right)$$

の形となり，これは①のタイプだから解ける．

例　$a_1=3,\ a_{n+1}=3a_n-4\ (n \geqq 1)$ のとき，

$$a_n=\boxed{}+\boxed{}^{\,n-1}$$

解　$\alpha=3\alpha-4$ ……①とおくと $4=2\alpha$，$\alpha=2$

与式から①を辺々引いて　$a_{n+1}-\alpha=3(a_n-\alpha)$

これより $\{a_n-\alpha\}$ は公比3の等比数列で，

$$a_n-\alpha=(a_1-\alpha)3^{n-1},\quad a_n=\alpha+(a_1-\alpha)3^{n-1}=\mathbf{2+3^{n-1}}$$

157 3項間漸化式 ★

$a_{n+2}+pa_{n+1}+qa_n=0$　$(n\geqq 1)$ のとき
$x^2+px+q=(x-\alpha)(x-\beta)$ とすると

$$\alpha\neq\beta \text{ なら } a_n=\frac{(a_2-\alpha a_1)\beta^{n-1}-(a_2-\beta a_1)\alpha^{n-1}}{\beta-\alpha}$$

$$\alpha=\beta \text{ なら } a_n=a_1\alpha^{n-1}+(n-1)(a_2-a_1\alpha)\alpha^{n-2}$$

COMMENT　これも，結果を記憶する必要はない．上のように α と β を見出したとき，与式を変形すれば

$a_{n+2}-\alpha a_{n+1}=\beta(a_{n+1}-\alpha a_n)$（$\alpha$，$\beta$ は交換できる）

となり，これより $\{a_{n+1}-\alpha a_n\}$ が公比 β の等比数列となるから，そのことから a_n が求められる．具体的には下記の例を参照されたい．

参考　もし，$p+q=-1$ の条件があれば，与式は

$$a_{n+2}-a_{n+1}=q(a_{n+1}-a_n)$$

と変形でき，これより $a_{n+1}-a_n=(a_2-a_1)q^{n-1}$ となるから，$q\neq 1$ ならば 155より

$$a_n=a_1+\sum_{k=1}^{n-1}(a_2-a_1)q^{k-1}=\frac{a_2-a_1q-(a_2-a_1)q^{n-1}}{1-q}$$

例　$a_1=1$，$a_2=5$，$a_{n+2}-4a_{n+1}+3a_n=0$ $(n\geqq 1)$ のとき

$a_n=$ □ $\cdot$ □ $^{n-1}-$ □

解　$x^2-4x+3=(x-1)(x-3)$ だから，与式を変形して

$a_{n+2}-a_{n+1}=3(a_{n+1}-a_n)$

$\longrightarrow a_{n+1}-a_n=(a_2-a_1)3^{n-1}=4\cdot 3^{n-1}$

また，$a_{n+2}-3a_{n+1}=a_{n+1}-3a_n$

$\longrightarrow a_{n+1}-3a_n=(a_2-3a_1)1^{n-1}=2$

辺々引いて　$2a_n=4\cdot 3^{n-1}-2$　　$\therefore$　$a_n=\mathbf{2\cdot 3^{n-1}-1}$

数学B

158 分数漸化式 ★

$a_{n+1}=\dfrac{pa_n+q}{ra_n+s}$ $(n\geqq 1)$ のとき

$x=\dfrac{px+q}{rx+s}$ の2解が α と β なら

$\alpha\neq\beta$ のとき $b_n=\dfrac{a_n-\alpha}{a_n-\beta}$ は等比数列

$\alpha=\beta$ のとき $b_n=\dfrac{1}{a_n-\alpha}$ は等差数列

COMMENT α と β は交換してかまわない．

まず α と β を定め，上の原理により $\{b_n\}$ を求め，さらに a_n と b_n の関係から a_n を求めればよい．

参考 もし $q=0$ であれば，与式の両辺の逆数をとり

$$\frac{1}{a_{n+1}}=\frac{ra_n+s}{pa_n}=\frac{s}{p}\cdot\frac{1}{a_n}+\frac{r}{p}\longrightarrow b_{n+1}=\frac{s}{p}b_n+\frac{r}{p}\quad\left(b_n=\frac{1}{a_n}\right)$$

は，$\{b_n\}$ についての2項間漸化式だから 156 で解ける．

例 $a_1=1$，$a_{n+1}=\dfrac{5a_n+3}{a_n+3}$ $(n\geqq 1)$ のとき，$a_n=$ ［　　　］

解 $x=\dfrac{5x+3}{x+3}$ から $x=3$，-1．$b_n=\dfrac{a_n-3}{a_n+1}$ とおく．

$$b_{n+1}=\frac{a_{n+1}-3}{a_{n+1}+1}=\frac{5a_n+3-3(a_n+3)}{5a_n+3+(a_n+3)}=\frac{2(a_n-3)}{6(a_n+1)}$$

$$=\frac{1}{3}b_n,\quad b_1=\frac{-2}{2}=-1$$

$$\therefore\quad b_n=(-1)\left(\frac{1}{3}\right)^{n-1}=\frac{-1}{3^{n-1}},\quad a_n=\frac{3+b_n}{1-b_n}=\boldsymbol{\frac{3^n-1}{3^{n-1}+1}}$$

数学B

159 連立漸化式 ★

$$\begin{cases} a_{n+1}=pa_n+qb_n \\ b_{n+1}=ra_n+sb_n \end{cases} \quad (n\geqq 1) \text{ のとき}$$

$$a_{n+1}+kb_{n+1}=l(a_n+kb_n)$$

をみたす $(k,\ l)=(k_1,\ l_1),\ (k_2,\ l_2)$ を見出せば

$$a_n=\frac{k_2(a_1+k_1b_1)l_1{}^{n-1}-k_1(a_1+k_2b_1)l_2{}^{n-1}}{k_2-k_1} \quad (k_1\neq k_2)$$

COMMENT これも，結果は記憶する必要がない．大切なことは，　$a_{n+1}+kb_{n+1}=l(a_n+kb_n)$

$$\Longleftrightarrow pa_n+qb_n+k(ra_n+sb_n)=l(a_n+kb_n)$$

$$\begin{cases} a_n\text{の係数}：p+kr=l \\ b_n\text{の係数}：q+ks=lk \end{cases}$$ このkとlに関する連立方程式

を解き，2組の解を $(k,\ l)=(k_1,\ l_1),\ (k_2,\ l_2)$ とすると

$$a_n+k_1b_n=(a_1+k_1b_1)l_1{}^{n-1},\quad a_n+k_2b_n=(a_1+k_2b_1)l_2{}^{n-1}$$

が出て，これから $\{a_n\}$，$\{b_n\}$ が求められることである．

参考 $\begin{cases} a_{n+1}=pa_n+qb_n \\ b_{n+1}=qa_n+pb_n \end{cases}(q\neq 0)$ では，$k=\pm 1$ である．

例 $\begin{cases} a_1=2 \\ b_1=1 \end{cases}$ $\begin{cases} a_{n+1}=a_n-8b_n \\ b_{n+1}=a_n+7b_n \end{cases}$ $(n\geqq 1)$ のとき

$a_n=$ □ · □$^{n-1}$ − □ · □$^{n-1}$

解 $a_{n+1}+kb_{n+1}=l(a_n+kb_n)$

$\Longrightarrow a_n-8b_n+k(a_n+7b_n)=l(a_n+kb_n)$

から $1+k=l,\ -8+7k=kl \Longrightarrow (k,\ l)=(2,\ 3),\ (4,\ 5)$

$a_n+2b_n=(a_1+2b_1)3^{n-1}=4\cdot 3^{n-1}$　……①

$a_n+4b_n=(a_1+4b_1)5^{n-1}=6\cdot 5^{n-1}$　……②

①×2−②：$a_n=\mathbf{8\cdot 3^{n-1}-6\cdot 5^{n-1}}$

160 確率と漸化式 ★

状態 A ではない状態を $\overline{A}$ とする．ある 1 回の操作で A から A へ移る確率を p，$\overline{A}$ から A へ移る確率を q とし，最初 A の状態から n 回の操作後，状態 A である確率は

$$p_n=\frac{q+(1-p)(p-q)^n}{1+q-p}$$

COMMENT　$n+1$ 回の操作で状態 A であるとは，n 回で状態 A で次も A か，または n 回で状態 $\overline{A}$ で次に A となるかのいずれかであるから

$$p_{n+1}=p_np+(1-p_n)q=(p-q)p_n+q$$

これは156で学んだ 2 項間漸化式だから

$\alpha=(p-q)\alpha+q$ から $(1-p+q)\alpha=q$，$\alpha=\dfrac{q}{1-p+q}$ で

$$p_n-\alpha=(p_0-\alpha)(p-q)^n,\quad p_n=\alpha+(p_0-\alpha)(p-q)^n$$

これに $p_0=1$ と，上の α を代入すれば公式が得られる．

注意　この公式は記憶しなくてもよい．**p_{n+1} を p_n で表す過程だけを理解**すること．

例　サイコロを n 回投げるとき，1 の目が偶数回出る確率は［　　］である．

解　$p=\dfrac{5}{6}$，$q=\dfrac{1}{6}$ の場合だから

$$p_n=\frac{q}{1+q-p}+\frac{(1-p)}{1+q-p}(p-q)^n$$

$$=\frac{1}{6+1-5}+\frac{6-5}{6+1-5}\left(\frac{4}{6}\right)^n=\boldsymbol{\frac{1}{2}+\frac{1}{2}\left(\frac{2}{3}\right)^n}$$

数学B

161 数学的帰納法 ★★★

すべての自然数 n についての命題 $\boldsymbol{A(n)}$ を証明するには

1°　$A(1)$ を確かめる.

2°　$A(k)$ を仮定して $A(k+1)$ を示す.

COMMENT　ここで $A(n)$ というのは，n についての等式や不等式などである．自然数 n についての証明法として，この数学的帰納法は大変便利な証明法である．

この原理はドミノ倒しである．並んでいるドミノがすべて倒れるには，**1°**　最初のドミノを倒す．**2°**　k 番目のドミノが倒れたら，次のドミノも倒れるように並んでいる．以上の2条件をみたせばよいからである．

注意　問題によっては，少々変形して使うこともある．**1°** で $A(3)$ を確かめて，$n \geqq 3$ の場合を証明したり，**1°** で $A(1)$，$A(2)$ を確かめ，**2°** で $A(k)$ と $A(k+1)$ を仮定して，$A(k+2)$ を証明するなどである．

例　$0 \leqq a \leqq 4$ のとき，$x_{n+1}=ax_n(1-x_n)$ で定まる数列 $\{x_n\}$ は，$0 \leqq x_1 \leqq 1$ ならば $0 \leqq x_n \leqq 1$ $(n \geqq 1)$ となることを証明するために，次のように考えた．

$0 \leqq x_k \leqq 1$ とすると，

$$x_{k+1}=ax_k(\boxed{}-x_k) \geqq \boxed{}$$

は明らか．また

$$1-x_{k+1}=1-ax_k+ax_k^2=a\left(x_k-\frac{1}{\boxed{}}\right)^2+1-\frac{a}{\boxed{}} \geqq 0$$

$$\therefore \quad x_{k+1} \leqq 1,\ 0 \leqq x_{k+1} \leqq \boxed{}$$

となるから，証明された．

解　順に **1，0，2，4，1**

162 確率変数の期待値と分散 ★★★

分散　$V(X)=E(X^2)-\{E(X)\}^2$

標準偏差　$\sigma(X)=\sqrt{E(X^2)-\{E(X)\}^2}$

COMMENT 確率変数 X が右の表に示された確率分布に従うとき，

X	x_1	x_2	$\cdots$	x_n	計
P	p_1	p_2	$\cdots$	p_n	1

期待値　$E(X)=x_1p_1+x_2p_2+\cdots+x_np_n=\sum_{k=1}^{n}x_kp_k(=m)$

分散　$V(X)=E((X-m)^2)$

$=(x_1-m)^2p_1+(x_2-m)^2p_2+\cdots+(x_n-m)^2p_n$

$=\sum_{k=1}^{n}(x_k-m)^2p_k=E(X^2)-\{E(X)\}^2$

標準偏差　$\sigma(X)=\sqrt{V(X)}$

例　1個のさいころを1回投げたときに出る目を X とすると，X の確率分布は下の表のようになる．したがって，X の期待値は［　　］，分散は［　　］，標準偏差は［　　］である．

X	1	2	3	4	5	6	計
P	$\frac{1}{6}$	$\frac{1}{6}$	$\frac{1}{6}$	$\frac{1}{6}$	$\frac{1}{6}$	$\frac{1}{6}$	1

解　$E(X)=1\cdot\frac{1}{6}+2\cdot\frac{1}{6}+3\cdot\frac{1}{6}+4\cdot\frac{1}{6}+5\cdot\frac{1}{6}+6\cdot\frac{1}{6}=\mathbf{\frac{7}{2}}$

$E(X^2)=1^2\cdot\frac{1}{6}+2^2\cdot\frac{1}{6}+3^2\cdot\frac{1}{6}+4^2\cdot\frac{1}{6}+5^2\cdot\frac{1}{6}+6^2\cdot\frac{1}{6}=\frac{91}{6}$

より　$V(X)=E(X^2)-\{E(X)\}^2=\frac{91}{6}-\left(\frac{7}{2}\right)^2=\mathbf{\frac{35}{12}}$

$\sigma(X)=\sqrt{\frac{35}{12}}=\mathbf{\frac{\sqrt{105}}{6}}$

数学B

163 確率変数の変換 ★★

確率変数 X と定数 a, b に対して，確率変数 $\boldsymbol{Y=aX+b}$ の期待値，分散，標準偏差は
$\boldsymbol{E(Y)=aE(X)+b}$, $\boldsymbol{V(Y)=a^2V(X)}$, $\boldsymbol{\sigma(Y)=|a|\sigma(X)}$

COMMENT 確率変数 X が右の表に示された確率分布に従うとするとき，確率変数 Y のとる値は $y_k=ax_k+b$ であり，Y の確率分布は，右の表のようになる．

X	x_1	x_2	$\cdots$	x_n	計
P	p_1	p_2	$\cdots$	p_n	1

Y	y_1	y_2	$\cdots$	y_n	計
P	p_1	p_2	$\cdots$	p_n	1

$$E(Y)=\sum_{k=1}^{n}y_kp_k=\sum_{k=1}^{n}(ax_k+b)p_k=a\sum_{k=1}^{n}x_kp_k+b\sum_{k=1}^{n}p_k$$
$$=\boldsymbol{aE(X)+b}\quad\left(\sum_{k=1}^{n}p_k=1\text{ に注意}\right)$$

$y_k-E(Y)=a\{x_k-E(X)\}$ より

$$V(Y)=\sum_{k=1}^{n}\{y_k-E(Y)\}^2p_k=a^2\sum_{k=1}^{n}\{x_k-E(X)\}^2p_k$$
$$=\boldsymbol{a^2V(X)}$$

例　162の例において，確率変数 $Y=3X+4$ の期待値は［　　］，分散は［　　］，標準偏差は［　　］である．

解　162の例より $E(X)=\dfrac{7}{2}$, $V(X)=\dfrac{35}{12}$ なので

$$E(Y)=3E(X)+4=\boldsymbol{\frac{29}{2}},\quad V(Y)=3^2V(X)=\boldsymbol{\frac{105}{4}},$$

$$\sigma(Y)=\sqrt{V(Y)}=\boldsymbol{\frac{\sqrt{105}}{2}}$$

164 確率変数の和・積 ★

X，Y を確率変数，a，b を定数とするとき

$$E(aX+bY)=aE(X)+bE(Y)$$

X と Y が互いに**独立**ならば

$$E(XY)=E(X)E(Y)$$

$$V(aX+bY)=a^2V(X)+b^2V(Y)$$

COMMENT 2つの確率変数 X，Y があって，X のとる任意の値 α と，Y のとる任意の値 β について

$$P(X=\alpha,\ Y=\beta)=P(X=\alpha)P(Y=\beta)$$

が成り立つとき，確率変数 X と Y は**互いに独立**であるという．

事象 A と事象 B について

事象 A と B は互いに独立 $\Longleftrightarrow$ $P(A\cap B)=P(A)P(B)$

例 大小2個のさいころを同時に投げるとき，それぞれのさいころの出る目を X，Y とすると，X と Y は互いに独立である．このとき，確率変数 $2X+3Y$ の期待値は $\square$，分散は $\square$ である．

解 **162**の**例**より，$E(X)=E(Y)=\dfrac{7}{2}$，$V(X)=V(Y)=\dfrac{35}{12}$

なので

$$E(2X+3Y)=2E(X)+3E(Y)=2\cdot\frac{7}{2}+3\cdot\frac{7}{2}=\boldsymbol{\frac{35}{2}}$$

$$V(2X+3Y)=2^2V(X)+3^2V(Y)=4\cdot\frac{35}{12}+9\cdot\frac{35}{12}$$

$$=\boldsymbol{\frac{455}{12}}$$

数学B

165 二項分布 ★★★

確率変数 X が**二項分布 $B(n,\ p)$** に従うとき，
$E(X)=np$，$V(X)=npq$，$\sigma(X)=\sqrt{npq}$
ただし，$q=1-p$

COMMENT 1回の試行で事象 A の起こる確率が p であるとき，この試行を n 回行う反復試行において，事象 A の起こる回数を X とすると，X の確率分布は次のようになる．この確率分布を**二項分布**といい **$B(n,\ p)$** で表す．

X	0	1	$\cdots$	r	$\cdots$	n	計
P	${}_nC_0q^n$	${}_nC_1pq^{n-1}$	$\cdots$	${}_nC_rp^rq^{n-r}$	$\cdots$	${}_nC_np^n$	1

注意 表の確率は，$(q+p)^n$ の展開式の各項を順に並べたものである．（**81**「二項定理」参照）

例 1個のさいころを20回投げるとき，3の目が出る回数を X とする．X の期待値は［　　］，分散は［　　］，標準偏差は［　　］である．

解 確率変数 X は二項分布 $B\left(20,\ \dfrac{1}{6}\right)$ に従うので

$E(X)=20\cdot\dfrac{1}{6}=\mathbf{\dfrac{10}{3}}$，$V(X)=20\cdot\dfrac{1}{6}\cdot\left(1-\dfrac{1}{6}\right)=\mathbf{\dfrac{25}{9}}$，

$\sigma(X)=\sqrt{\dfrac{25}{9}}=\mathbf{\dfrac{5}{3}}$

166 連続型確率変数 ★

連続型確率変数 X のとる値の範囲が $\alpha \leqq X \leqq \beta$ で，その確率密度関数が $f(x)$ のとき

$$E(X)=\int_{\alpha}^{\beta} xf(x)dx$$

$$V(X)=\int_{\alpha}^{\beta}(x-E(X))^2 f(x)dx$$

$$=\int_{\alpha}^{\beta} x^2 f(x)dx-\{E(X)\}^2$$

COMMENT 上記の確率密度関数 $f(x)$ は，次の性質をもつ．

$$f(x)\geqq 0,\quad P(a \leqq X \leqq b)=\int_a^b f(x)dx,\quad \int_{\alpha}^{\beta} f(x)dx=1$$

注意 連続的な値をとる確率変数を**連続型確率変数**（例：正規分布）といい，整数値のようにとびとびの値をとる確率変数を**離散型確率変数**（例：二項分布）という．

数学B

例 確率変数 X のとる値 x の範囲が $0 \leqq x \leqq 3$ で，その確率密度関数 $f(x)$ が $f(x)=ax^2$ で表されるとき，$a=$ ☐，$P(1 \leqq X \leqq 2)=$ ☐ である．

解 $P(0 \leqq X \leqq 3)=\int_0^3 ax^2dx=\left[\frac{a}{3}x^3\right]_0^3=\frac{a}{3}\cdot 3^3=9a=1$

なので，$a=\mathbf{\frac{1}{9}}$．したがって，

$$P(1 \leqq X \leqq 2)=\int_1^2 \frac{1}{9}x^2dx=\left[\frac{1}{27}x^3\right]_1^2=\frac{2^3-1^3}{27}=\mathbf{\frac{7}{27}}$$

167 正規分布 ★★★

確率変数 X が**正規分布 $N(m,\ \sigma^2)$** に従うとき
$$E(X)=m,\ \ V(X)=\sigma^2,\ \ \sigma(X)=\sigma$$

COMMENT 連続型確率変数 X の確率密度関数が

$$f(x)=\frac{1}{\sqrt{2\pi}\,\sigma}e^{-\frac{(x-m)^2}{2\sigma^2}}$$

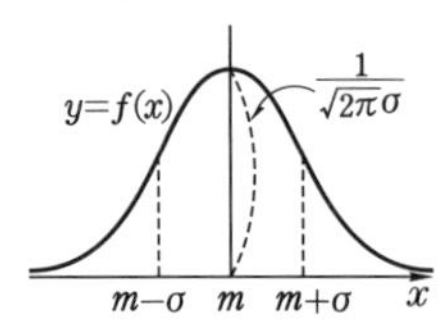

で与えられるとき，X は正規分布 $N(m,\ \sigma^2)$に従うという．（ただし，e は**自然対数の底**とよばれる無理数で，その値は $\boldsymbol{e=2.71828\cdots}$）このとき，$Z=\dfrac{X-m}{\sigma}$ とおくと，確率変数 Z は**標準正規分布 $N(0,\ 1)$** に従い，Z の確率密度関数は $f(z)=\dfrac{1}{\sqrt{2\pi}}e^{-\frac{z^2}{2}}$ となる．一般の正規分布の場合の確率は，標準正規分布に変換して求める．

例　ある高等学校における 3 年男子の身長が，平均 171.5 cm，標準偏差 5 cm の正規分布に従うものとすると，身長が 168 cm 以上 177 cm 以下の生徒は約 ☐ %いる．巻末の正規分布表を利用せよ．

解　X は正規分布 $N(171.5,\ 5^2)$ に従うので，

$Z=\dfrac{X-171.5}{5}$ は標準正規分布 $N(0,\ 1)$ に従う．

$X=168$ のとき $Z=-0.7$，$X=177$ のとき $Z=1.1$

$P(168\leqq X\leqq 177)=P(-0.7\leqq Z\leqq 1.1)$

$=P(0\leqq Z\leqq 0.7)+P(0\leqq Z\leqq 1.1)$

$=\Phi(0.7)+\Phi(1.1)=0.2580+0.3643=0.6223$

よって，約 **62**%

168 二項分布の正規分布による近似 ★★

> 二項分布 $B(n,\ p)$ に従う確率変数 X は，n が十分に大きいとき，近似的に**正規分布** $N(np,\ npq)$ に従う．ただし，$q=1-p$

COMMENT さいころを n 回投げて，3 の目が出る回数を X とすると X は二項分布 $B\left(n,\ \dfrac{1}{6}\right)$ に従う．$X=r$ となる確率 P_r は $n=10$，20，30，50…と n が大きくなるにつれて**正規分布曲線**に近づいていく．

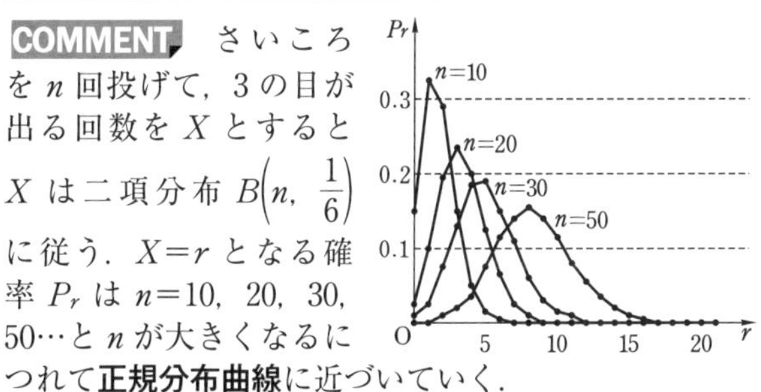

注意 二項分布 $B(n,\ p)$ の期待値が np，分散が npq であることに注意（165参照）．n が十分に大きいとき，二項分布 $B(n,\ p)$ に関する確率が，標準正規分布の正規分布表を利用して近似的に計算できる．

例 1 個のさいころを 1620 回投げて，3 の目が出る回数を X とするとき，X が 240 以下の値をとる確率は ☐ である．巻末の正規分布表を利用せよ．

解 X は二項分布 $B\left(1620,\ \dfrac{1}{6}\right)$ に従い，

$$E(X)=1620\cdot\frac{1}{6}=270,\quad \sigma(X)=\sqrt{1620\cdot\frac{1}{6}\cdot\frac{5}{6}}=15$$

よって，$Z=\dfrac{X-270}{15}$ は近似的に標準正規分布 $N(0,\ 1)$ に従うので

$$P(X\leqq 240)=P(Z\leqq -2)=P(Z\geqq 2)=0.5-P(Z\leqq 2)$$
$$=0.5-\Phi(2)=0.5-0.4772=\mathbf{0.0228}$$

169 標本平均の分布 ★

母平均 m，母標準偏差 σ の母集団から大きさ n の無作為標本を復元抽出するとき，その標本平均 $\overline{X}$ の期待値と標準偏差は

$$E(\overline{X})=m,\qquad \sigma(\overline{X})=\frac{\sigma}{\sqrt{n}}$$

COMMENT 標本のもつ x の値を X_1, X_2, $\cdots$, X_n とするとき，$\overline{X}=\frac{1}{n}\sum_{k=1}^{n}X_k$ なので

$$E(\overline{X})=E\left(\frac{1}{n}\sum_{k=1}^{n}X_k\right)=\frac{1}{n}\sum_{k=1}^{n}E(X_k)=\frac{1}{n}\cdot nm=m$$

$$V(\overline{X})=V\left(\frac{1}{n}\sum_{k=1}^{n}X_k\right)=\frac{1}{n^2}\sum_{k=1}^{n}V(X_k)=\frac{1}{n^2}\cdot n\sigma^2=\frac{\sigma^2}{n}$$

n が大きいとき，標本平均 $\overline{X}$ は近似的に**正規分布** $\boldsymbol{N\left(m,\ \frac{\sigma^2}{n}\right)}$ に従うとみなすことができる.

参考 母平均 m の母集団から大きさ n の無作為標本を抽出するとき，その標本平均 $\overline{X}$ は，n が大きくなるに従って，母平均 m に近づく.（**大数の法則**）

例 母平均 60，母標準偏差 20 の母集団から大きさ 100 の標本を復元抽出するとき，標本平均 $\overline{X}$ が 62 より大きくなる確率は［　　　］である．巻末の正規分布表を利用せよ.

解 標本平均 $\overline{X}$ は近似的に $N\left(60,\ \frac{20^2}{100}\right)$ に従う.

よって $\overline{X}$ を標準化した $Z=\frac{\overline{X}-60}{2}$ の分布は $N(0,\ 1)$ となる．$\overline{X}=62$ のとき $Z=1$ なので，

$P(\overline{X}>62)=P(Z>1)=0.5-\Phi(1)=0.5-0.3413=\mathbf{0.1587}$

170　区間推定　★★

標本の大きさ n が大きいとき，σ を母標準偏差，$\overline{X}$ を標本平均とすると，
母平均 m に対する**信頼度 95%**の信頼区間は

$$\overline{X}-1.96\cdot\frac{\sigma}{\sqrt{n}} \leqq m \leqq \overline{X}+1.96\cdot\frac{\sigma}{\sqrt{n}}$$

COMMENT 169より，標本平均 $\overline{X}$ は近似的に正規分布 $N\left(m,\ \dfrac{\sigma^2}{n}\right)$ に従うので，$Z=\dfrac{\overline{X}-m}{\dfrac{\sigma}{\sqrt{n}}}$ は標準正規分布 $N(0,\ 1)$ に従う．信頼度 95% の信頼区間とは正規分布表から $P\left(\left|\dfrac{\sqrt{n}(\overline{X}-m)}{\sigma}\right| \leqq 1.96\right) \fallingdotseq 0.95$ となる区間であり，$P\left(\overline{X}-1.96\cdot\dfrac{\sigma}{\sqrt{n}} \leqq m \leqq \overline{X}+1.96\cdot\dfrac{\sigma}{\sqrt{n}}\right) \fallingdotseq 0.95$
また，母標準偏差 σ がわからない場合には，標本の標準偏差を用いてもよいことが知られている．

参考　標本の大きさ n が大きいとき，標本比率を R とすると，母比率 p に対する信頼度 95% の信頼区間は　$\boldsymbol{R-1.96\sqrt{\dfrac{R(1-R)}{n}} \leqq p \leqq R+1.96\sqrt{\dfrac{R(1-R)}{n}}}$

例　ある市の高校 3 年生に数学のテストを行った．無作為抽出した 900 人の成績を調べたところ，その平均点が 58.6 点であった．母標準偏差を 12.0 点とすると，母集団の平均点 m に対する信頼度 95% の信頼区間は $\boxed{} \leqq m \leqq \boxed{}$ である．

解　$58.6-1.96\times\dfrac{12.0}{\sqrt{900}} \leqq m \leqq 58.6+1.96\times\dfrac{12.0}{\sqrt{900}}$
より，$\boldsymbol{57.8 \leqq m \leqq 59.4}$

数学B

171 仮説検定（母平均の検定） ★

ある母集団について**帰無仮説**を「(母平均)$=m$」，**対立仮説**を「(母平均)$\neq m$」として仮説検定を行う．σ を母標準偏差，n を標本の大きさ，$\overline{X}$ を標本平均として，$Z=\dfrac{\sqrt{n}(\overline{X}-m)}{\sigma}$ とおけば，

（**有意水準 5%**）$|Z|\geqq 1.96$ のとき帰無仮説を**棄却**し，$|Z|<1.96$ のとき**棄却しない**．

COMMENT　「$|Z|\geqq 1.96$ となる確率は 5%」であり，非常に珍しいといえるので，帰無仮説を棄却する．これを**両側検定**という．一方，棄却域を片側にとる検定を**片側検定**という．

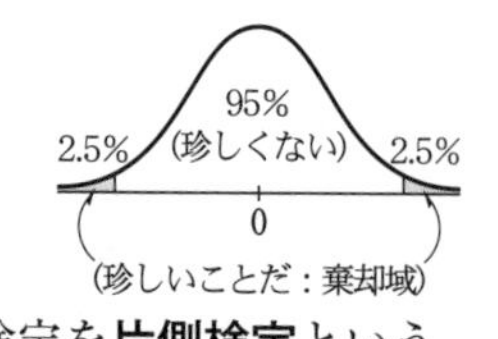

参考　帰無仮説「ある母集団の母比率が p である」に対して，標本の大きさ n が大きいとき，標本比率を R として $Z=\dfrac{R-p}{\sqrt{\dfrac{p(1-p)}{n}}}$ とおけば，$|Z|\geqq 1.96$ のとき帰無仮説を棄却する．（有意水準 5%）

例　ある市の高校 2 年生に数学のテストを行った．無作為抽出した 1600 人を調べたところ，その平均点が 58.3 点であった．母標準偏差を 12.5 点とするとき，この市全体における平均点が 59 点であるといえるかどうかを有意水準 5%で検定せよ．

解　$|Z|=\left|\dfrac{\sqrt{n}(\overline{X}-m)}{\sigma}\right|=\left|\dfrac{\sqrt{1600}(58.3-59)}{12.5}\right|=2.24$

$|Z|\geqq 1.96$ なので，有意水準 5%では**棄却される**．

172 ベクトルの演算 ★★★

$$\begin{cases}\vec{a}+\vec{b}=\vec{b}+\vec{a},\ \vec{a}-\vec{b}=\vec{a}+(-\vec{b})\\(\vec{a}+\vec{b})+\vec{c}=\vec{a}+(\vec{b}+\vec{c})\end{cases}$$

$$\begin{cases}m(\vec{a}+\vec{b})=m\vec{a}+m\vec{b}\\(m+n)\vec{a}=m\vec{a}+n\vec{a}\end{cases},\quad m(n\vec{a})=(mn)\vec{a}$$

始点統一の原理：$\overrightarrow{\mathrm{AB}}=\overrightarrow{\mathrm{OB}}-\overrightarrow{\mathrm{OA}}$

COMMENT ベクトルの加法・減法と，実数倍は，演算規則が数と同じだから，ベクトルのこれらの計算は数と同様にとり扱ってよい．

また，$\vec{a}=\overrightarrow{\mathrm{AB}}$ のとき，A を**始点**，B を**終点**というがベクトルの問題では，「**始点を統一する**」ことが大切である．始点を統一するには，上に述べたように

$$\overrightarrow{\mathrm{AB}}=\overrightarrow{\mathrm{OB}}-\overrightarrow{\mathrm{OA}}=\overrightarrow{\mathrm{CB}}-\overrightarrow{\mathrm{CA}}=\overrightarrow{\mathrm{PB}}-\overrightarrow{\mathrm{PA}}$$

と，AB の順序を交換して，前に始点にしたいと思う点をつけ加えて引き算すればよい．

注意 原点 O を始点とするベクトルを**位置ベクトル**という．上の原理から，すべてのベクトルは位置ベクトルの差として表すことができる．

数学C

例 平面上の 5 個の点 A，B，C，D，E の間に

$$\overrightarrow{\mathrm{AD}}=2\overrightarrow{\mathrm{EB}}+\overrightarrow{\mathrm{AB}}+\overrightarrow{\mathrm{CD}}$$

の関係があるとき，$\overrightarrow{\mathrm{AC}}=$ □ $\overrightarrow{\mathrm{AB}}-$ □ $\overrightarrow{\mathrm{AE}}$

解 与式で，始点を A に統一すればよい．

$$\overrightarrow{\mathrm{AD}}=2(\overrightarrow{\mathrm{AB}}-\overrightarrow{\mathrm{AE}})+\overrightarrow{\mathrm{AB}}+\overrightarrow{\mathrm{AD}}-\overrightarrow{\mathrm{AC}}$$

$$\therefore\ \overrightarrow{\mathrm{AC}}=\mathbf{3}\overrightarrow{\mathrm{AB}}-\mathbf{2}\overrightarrow{\mathrm{AE}}$$

173 内分と外分 ★★★

点C，Dが AB を $m:n$ にそれぞれ，内分および外分するとき

$$\overrightarrow{OC}=\frac{n\overrightarrow{OA}+m\overrightarrow{OB}}{m+n},\quad \overrightarrow{OD}=\frac{-n\overrightarrow{OA}+m\overrightarrow{OB}}{m-n}$$

とくに，M が AB の中点ならば

$$\overrightarrow{OM}=\frac{\overrightarrow{OA}+\overrightarrow{OB}}{2}$$

△ABC の重心が G のとき

$$\overrightarrow{OG}=\frac{\overrightarrow{OA}+\overrightarrow{OB}+\overrightarrow{OC}}{3}$$

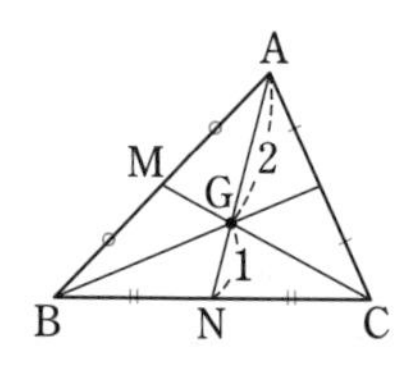

COMMENT △ABC の重心は，BC の中点 N と A を結ぶ中線 AN を 2：1 に内分する点であるから

$$\overrightarrow{OG}=\frac{1\cdot\overrightarrow{OA}+2\cdot\overrightarrow{ON}}{2+1}$$

$$=\frac{1}{3}\left(\overrightarrow{OA}+2\times\frac{\overrightarrow{OB}+\overrightarrow{OC}}{2}\right)=\frac{\overrightarrow{OA}+\overrightarrow{OB}+\overrightarrow{OC}}{3}$$

例　O，A，B は一直線上にない点で，M は OA の中点，N は OB を 3：1 に内分する点のとき

$$\overrightarrow{MN}=\boxed{}\overrightarrow{OA}+\boxed{}\overrightarrow{OB}$$

解　$\overrightarrow{MN}=\overrightarrow{ON}-\overrightarrow{OM}$　⇐始点の統一

$$=\frac{3}{4}\overrightarrow{OB}-\frac{1}{2}\overrightarrow{OA}$$

$$=-\frac{1}{2}\overrightarrow{OA}+\frac{3}{4}\overrightarrow{OB}$$

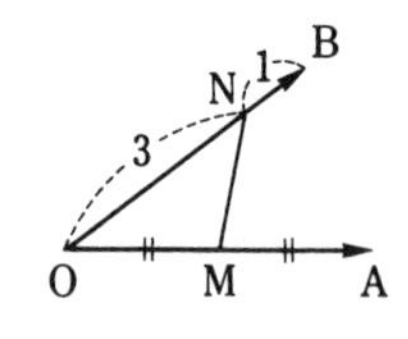

174 一直線上の3点 ★★★

3点A, B, Cが一直線上にあれば

$$\overrightarrow{AC}=k\overrightarrow{AB}$$

$$\overrightarrow{OC}=(1-k)\overrightarrow{OA}+k\overrightarrow{OB}$$

一般に, $\overrightarrow{OC}=m\overrightarrow{OA}+n\overrightarrow{OB}$ のとき

A, B, Cが一直線上 $\Longleftrightarrow$ $m+n=1$

COMMENT 最初の等式：$\overrightarrow{AC}=k\overrightarrow{AB}$ で, 始点をOに統一すれば

$$\overrightarrow{OC}-\overrightarrow{OA}=k(\overrightarrow{OB}-\overrightarrow{OA})$$

$$\therefore \quad \overrightarrow{OC}=(1-k)\overrightarrow{OA}+k\overrightarrow{OB}$$

と, 第2の等式が得られる.

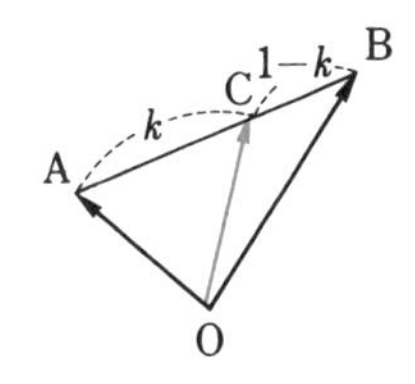

注意 $\overrightarrow{OC}=m\overrightarrow{OA}+n\overrightarrow{OB}$ で $m+n=1$ の他に, $0\leqq m$, $0\leqq n$ の条件があれば, Cは線分AB上にある.

例 四角形ABCDで, 対角線ACとBDとの交点をPとする.

$\overrightarrow{AC}=3\overrightarrow{AB}+2\overrightarrow{AD}$ のとき, $\overrightarrow{AC}=$ □ $\overrightarrow{AP}$ である.

解 $\overrightarrow{AP}=k\overrightarrow{AC}$ とおくと

$$\overrightarrow{AP}=k(3\overrightarrow{AB}+2\overrightarrow{AD})$$

$$=3k\overrightarrow{AB}+2k\overrightarrow{AD}$$

D, B, Pは一直線上にあるから

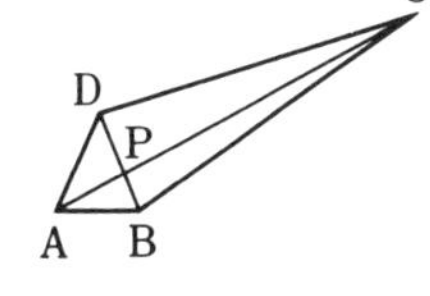

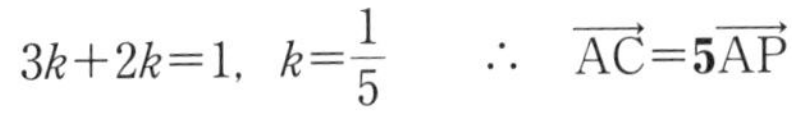

$$3k+2k=1,\quad k=\frac{1}{5} \qquad \therefore \quad \overrightarrow{AC}=\mathbf{5}\overrightarrow{AP}$$

175 ベクトルの表し方 ★★★

平面上の平行でない2つのベクトルを$\vec{a}$, $\vec{b}$とするとき，平面上のすべてのベクトル$\vec{p}$は

$$\vec{p}=l\vec{a}+m\vec{b}$$

と，ただ1通りに表される．これより

$$l\vec{a}+m\vec{b}=l'\vec{a}+m'\vec{b} \iff l=l',\ m=m'$$

COMMENT ベクトルの応用問題では，同じ始点で，しかも平行でない2つのベクトル$\vec{a}$, $\vec{b}$を決め，現れるすべてのベクトルを$\vec{a}$, $\vec{b}$で表し，表し方が2種類あれば，それらをくらべて上の原理から係数間の関係を求めるのが解法の定石である．

例 △ABCで，ABの中点をM，BCを3：1に内分する点をD，2直線AD，CMの交点をEとすると

$$\overrightarrow{AE}=\boxed{}\overrightarrow{AB}+\boxed{}\overrightarrow{AC}$$

解 点Eは直線ADと直線CM上にあるから

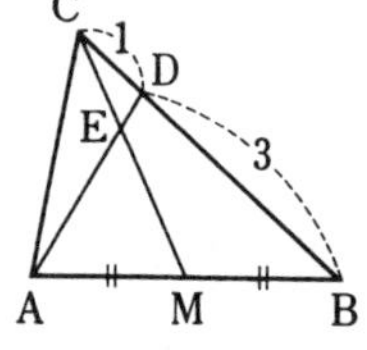

$$\overrightarrow{AE}=k\overrightarrow{AD}=k\cdot\frac{\overrightarrow{AB}+3\overrightarrow{AC}}{4}$$

$$=\frac{k}{4}\cdot\overrightarrow{AB}+\frac{3}{4}k\cdot\overrightarrow{AC}$$

$$\overrightarrow{AE}=l\overrightarrow{AM}+(1-l)\overrightarrow{AC}=\frac{l}{2}\cdot\overrightarrow{AB}+(1-l)\overrightarrow{AC}$$

$$\therefore\quad \frac{k}{4}=\frac{l}{2},\ \frac{3}{4}k=1-l \qquad \therefore\quad k=\frac{4}{5},\ l=\frac{2}{5}$$

$$\overrightarrow{AE}=\mathbf{\frac{1}{5}}\overrightarrow{AB}+\mathbf{\frac{3}{5}}\overrightarrow{AC}$$

176 内心 ★

△ABC の内心を I とすると

$$\overrightarrow{OI}=\frac{a\overrightarrow{OA}+b\overrightarrow{OB}+c\overrightarrow{OC}}{a+b+c}$$

COMMENT 三角形の内心は，内接円の中心で，3 つの角の 2 等分線の交点である．角の 2 等分線では **70** より，AI と BC との交点を D とすると

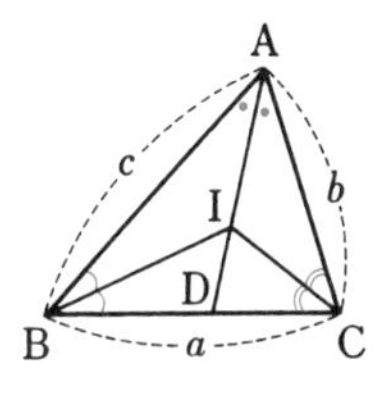

$$\overrightarrow{OD}=\frac{b\overrightarrow{OB}+c\overrightarrow{OC}}{c+b},\quad BD=BC\times\frac{c}{b+c}=\frac{ac}{b+c}$$

$$\overrightarrow{OI}=\frac{ID\cdot\overrightarrow{OA}+AI\cdot\overrightarrow{OD}}{AI+ID}=\frac{BD\cdot\overrightarrow{OA}+AB\cdot\overrightarrow{OD}}{AB+BD}$$

$$=\frac{\dfrac{ac}{b+c}\cdot\overrightarrow{OA}+c\cdot\dfrac{b\overrightarrow{OB}+c\overrightarrow{OC}}{c+b}}{c+\dfrac{ac}{b+c}}$$

$$=\frac{ac\overrightarrow{OA}+cb\overrightarrow{OB}+c^2\overrightarrow{OC}}{c(b+c)+ac}=\frac{a\overrightarrow{OA}+b\overrightarrow{OB}+c\overrightarrow{OC}}{a+b+c}$$

参考 $\overrightarrow{AI}=\dfrac{b\overrightarrow{AB}+c\overrightarrow{AC}}{a+b+c}$ と表すこともできる．

例　△ABC で，AB=4，BC=5，CA=6 のとき，内心を I とすると，$\overrightarrow{CI}=$ □ $\overrightarrow{CA}+$ □ $\overrightarrow{CB}$

解 点 O と C が一致すると考えればよい．

$$\overrightarrow{CI}=\frac{5\overrightarrow{CA}+6\overrightarrow{CB}}{5+6+4}=\frac{\mathbf{1}}{\mathbf{3}}\overrightarrow{CA}+\frac{\mathbf{2}}{\mathbf{5}}\overrightarrow{CB}$$

177 係数比と面積比 ★

△ABC 内に点 P があり

$l\overrightarrow{\mathrm{PA}}+m\overrightarrow{\mathrm{PB}}+n\overrightarrow{\mathrm{PC}}=\vec{0}$ **ならば**

△PAB：△PBC：△PCA＝n：l：m

COMMENT $\overrightarrow{\mathrm{PA}}=-\dfrac{m\overrightarrow{\mathrm{PB}}+n\overrightarrow{\mathrm{PC}}}{l}$

$=-\dfrac{m+n}{l}\cdot\dfrac{m\overrightarrow{\mathrm{PB}}+n\overrightarrow{\mathrm{PC}}}{m+n}$

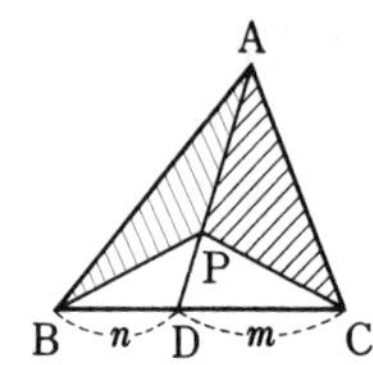

点 D を右図のようにとると

$$\overrightarrow{\mathrm{PD}}=\frac{m\overrightarrow{\mathrm{PB}}+n\overrightarrow{\mathrm{PC}}}{m+n},\quad \overrightarrow{\mathrm{PA}}=-\frac{m+n}{l}\overrightarrow{\mathrm{PD}}$$

よって，D は AP の延長上にあり，底辺 AP は共通で高さの比を考え，△PAB：△PCA＝n：m

同様に △PAB：△PBC＝n：l

よって，△PAB：△PBC：△PCA＝n：l：m

覚え方 △PAB の頂点には C がない．このとき，与式の $\overrightarrow{\mathrm{PC}}$ の係数 n が，△PAB の面積比に対応している．

例　$\overrightarrow{\mathrm{AB}}\nparallel\overrightarrow{\mathrm{AC}}$，$\overrightarrow{\mathrm{AP}}=\dfrac{1}{2}\overrightarrow{\mathrm{AB}}+\dfrac{1}{3}\overrightarrow{\mathrm{AC}}$ と P を決めれば

△PAB：△PBC：△PCA＝□：□：□

 分母を払い，始点を P に変更して

$$-6\overrightarrow{\mathrm{PA}}=3(\overrightarrow{\mathrm{PB}}-\overrightarrow{\mathrm{PA}})+2(\overrightarrow{\mathrm{PC}}-\overrightarrow{\mathrm{PA}})$$

$$\therefore\quad \vec{0}=\overrightarrow{\mathrm{PA}}+3\overrightarrow{\mathrm{PB}}+2\overrightarrow{\mathrm{PC}}$$

これより，△PAB：△PBC：△PCA＝**2：1：3**

178 ベクトルと領域 ★★

△ABC に対して，$\overrightarrow{AP}=m\overrightarrow{AB}+n\overrightarrow{AC}$ のとき

P は △ABC 内

$\iff m+n<1,\ m>0,\ n>0$

P は $\overrightarrow{AB}$, $\overrightarrow{AC}$ を 2 辺とする平行四辺形内

$\iff 0<m<1,\ 0<n<1$

COMMENT 前半は 174 により，P が直線 BC 上にある条件が $m+n=1$ であり，さらに $0\leqq m$, $0\leqq n$ の条件があれば，P が線分 BC 上にあることから，見当がつくであろう．右図に，P がそれぞれの辺（またはその延長）上にあるときの，m, n の条件を記しておいた．

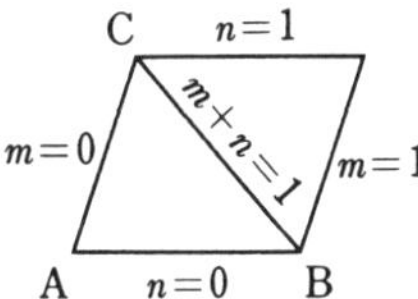

後半は，ベクトルの和が平行四辺形の法則で定義されていることから明らかだろう．

注意 これらの不等式で，不等号のほかに等号がすべてつけば，点 P は三角形または平行四辺形の内部だけではなく，周上をも動く．

例 △ABC に対して，点 P が $3\overrightarrow{PA}+2\overrightarrow{PB}+\overrightarrow{PC}=k\overrightarrow{BC}$ をみたしている．点 P が △ABC の内部にあれば

$\boxed{}<k<\boxed{}$

解 $-3\overrightarrow{AP}+2(\overrightarrow{AB}-\overrightarrow{AP})+\overrightarrow{AC}-\overrightarrow{AP}=k(\overrightarrow{AC}-\overrightarrow{AB})$

$$\therefore\quad \overrightarrow{AP}=\frac{k+2}{6}\overrightarrow{AB}+\frac{1-k}{6}\overrightarrow{AC}$$

条件は $\dfrac{k+2}{6}+\dfrac{1-k}{6}=\dfrac{1}{2}<1,\ 0<k+2,\ 0<1-k$

$$\therefore\quad \mathbf{-2<k<1}$$

179 ベクトルの成分 ★★★

ベクトルは成分で表すことができる.

$(\boldsymbol{x_1},\ \boldsymbol{y_1})=(\boldsymbol{x_2},\ \boldsymbol{y_2}) \Longleftrightarrow x_1=x_2,\ y_1=y_2$

$\boldsymbol{l}(\boldsymbol{x_1},\ \boldsymbol{y_1})+\boldsymbol{m}(\boldsymbol{x_2},\ \boldsymbol{y_2})$

$\quad =(lx_1+mx_2,\ ly_1+my_2)$

$|(\boldsymbol{x},\ \boldsymbol{y})|=\sqrt{x^2+y^2}$

COMMENT ベクトルは，その大きさと向きで定まる．xy 平面では，長さ r と，x 軸の正の向きとのなす角 θ で定まる．

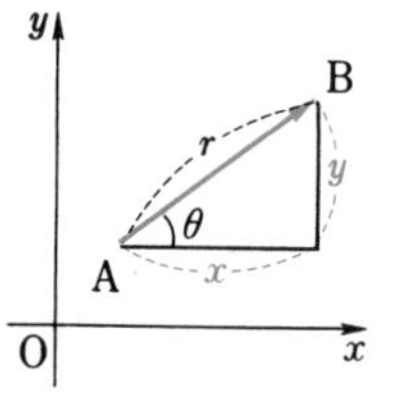

ここで，$x=r\cos\theta$ と $y=r\sin\theta$ が定まってもベクトルが定まるので，これを $\overrightarrow{\mathrm{AB}}=(x,\ y)$ と表し，ベクトルの**成分表示**という．175で見たように，平面上の任意のベクトルは，互いに平行でない 2 つのベクトルで表される．

とくに，$\vec{e_1}=(1,\ 0)$，$\vec{e_2}=(0,\ 1)$ を考えれば

$(x,\ y)=x(1,\ 0)+y(0,\ 1)=x\vec{e_1}+y\vec{e_2}$

となり，係数が成分となる．この $\vec{e_1}$，$\vec{e_2}$ を**基本ベクトル**という．一般の平行でない 2 つのベクトルによる表し方については，例を参照されたい．

例　$\vec{a}=(2,\ 3)$，$\vec{b}=(2,\ -1)$，$\vec{c}=(-2,\ 13)$ のとき

$\vec{c}=\boxed{}\,\vec{a}-\boxed{}\,\vec{b}$

解　$\vec{c}=m\vec{a}-n\vec{b}$ に，成分を代入して

$(-2,\ 13)=m(2,\ 3)-n(2,\ -1)=(2m-2n,\ 3m+n)$

$-2=2m-2n$，$13=3m+n$ を解いて，$m=\mathbf{3}$，$n=\mathbf{4}$

180 座標とベクトル ★★★

A$(a_1,\ a_2)$, B$(b_1,\ b_2)$ のとき

$\overrightarrow{\mathbf{AB}}=(b_1-a_1,\ b_2-a_2)$

原点Oを始点とする位置ベクトルでは

$\overrightarrow{\mathrm{OA}}$ の成分も点 A の座標も

ともに同じ $(a_1,\ a_2)$ で表される.

COMMENT 後半の $\overrightarrow{\mathrm{OA}}=(a_1,\ a_2)$ を使えば

$\overrightarrow{\mathrm{AB}}=\overrightarrow{\mathrm{OB}}-\overrightarrow{\mathrm{OA}}=(b_1,\ b_2)-(a_1,\ a_2)=(b_1-a_1,\ b_2-a_2)$

となり, 前半が得られる.

参考 A$(a_1,\ a_2)$, B$(b_1,\ b_2)$, C$(c_1,\ c_2)$ のとき

$\overrightarrow{\mathrm{AB}}=(b_1-a_1,\ b_2-a_2)$

$\overrightarrow{\mathrm{AC}}=(c_1-a_1,\ c_2-a_2)$

だから**98**より

$$\triangle\mathbf{ABC}\ \text{の面積}=\frac{|(b_1-a_1)(c_2-a_2)-(b_2-a_2)(c_1-a_1)|}{2}$$

例 A$(1,\ 0)$, B$(-1,\ 2)$, C$(-3,\ -1)$ がある.

(1) 四角形ABCDが平行四辺形のとき, D(□, □)

(2) $\overrightarrow{\mathrm{PA}}=\overrightarrow{\mathrm{PB}}+\overrightarrow{\mathrm{PC}}$ のとき, P(□, □)

解 (1) 条件は $\overrightarrow{\mathrm{AB}}=\overrightarrow{\mathrm{DC}}$, $\overrightarrow{\mathrm{OB}}-\overrightarrow{\mathrm{OA}}=\overrightarrow{\mathrm{OC}}-\overrightarrow{\mathrm{OD}}$

$\overrightarrow{\mathrm{OD}}=\overrightarrow{\mathrm{OA}}-\overrightarrow{\mathrm{OB}}+\overrightarrow{\mathrm{OC}}$

$=(1,\ 0)-(-1,\ 2)+(-3,\ -1)=(\mathbf{-1},\ \mathbf{-3})$

(2) $\overrightarrow{\mathrm{OA}}-\overrightarrow{\mathrm{OP}}=\overrightarrow{\mathrm{OB}}-\overrightarrow{\mathrm{OP}}+\overrightarrow{\mathrm{OC}}-\overrightarrow{\mathrm{OP}}$

$\overrightarrow{\mathrm{OP}}=\overrightarrow{\mathrm{OB}}+\overrightarrow{\mathrm{OC}}-\overrightarrow{\mathrm{OA}}$

$=(-1,\ 2)+(-3,\ -1)-(1,\ 0)=(\mathbf{-5},\ \mathbf{1})$

181 内積の定義 ★★★

$\vec{a}=(a_1,\ a_2)$ と $\vec{b}=(b_1,\ b_2)$ のなす角を θ とするとき，

$$|\vec{a}||\vec{b}|\cos\theta=a_1b_1+a_2b_2$$

を $\vec{a}$ と $\vec{b}$ との内積といい，$\vec{a}\cdot\vec{b}$ で表す．

とくに $\vec{a}\cdot\vec{b}=0$

$\Longleftrightarrow$ $\vec{a}\perp\vec{b}$ または $\vec{a}=\vec{0}$ または $\vec{b}=\vec{0}$

COMMENT 定義が 2 種類あるが，これらが等しいことは，右図の △OAB に余弦定理を使えば次のように証明できる．

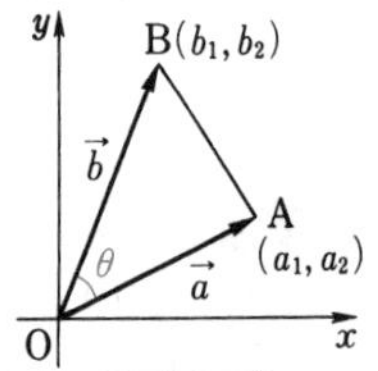

$AB^2=OA^2+OB^2-2OA\cdot OB\cos\theta$

$(a_1-b_1)^2+(a_2-b_2)^2=a_1^2+a_2^2+b_1^2+b_2^2-2\overrightarrow{OA}\cdot\overrightarrow{OB}$

$2\overrightarrow{OA}\cdot\overrightarrow{OB}=2a_1b_1+2a_2b_2$　　$\therefore$　$\overrightarrow{OA}\cdot\overrightarrow{OB}=a_1b_1+a_2b_2$

注意 内積の定義の式から

$$\cos\theta=\frac{\vec{a}\cdot\vec{b}}{|\vec{a}||\vec{b}|}=\frac{a_1b_1+a_2b_2}{\sqrt{a_1^2+a_2^2}\sqrt{b_1^2+b_2^2}}$$

2 つのベクトルの間の角は，この公式から求められる．

数学C

例 2 つのベクトル $\vec{a}=(1,\ 2)$，$\vec{b}=(1,\ -3)$ のなす角を θ とすると，$\theta=$ □ °である．

解 $\cos\theta=\dfrac{\vec{a}\cdot\vec{b}}{|\vec{a}||\vec{b}|}=\dfrac{1\times1+2\times(-3)}{\sqrt{1^2+2^2}\sqrt{1^2+(-3)^2}}$

$=\dfrac{-5}{\sqrt{5}\cdot\sqrt{10}}=-\dfrac{1}{\sqrt{2}}$　これより，$\theta=$**135°**

182 内積の性質 ★★★

$\vec{a}\cdot\vec{b}=\vec{b}\cdot\vec{a}$　（交換法則）

$\vec{a}\cdot(\vec{b}+\vec{c})=\vec{a}\cdot\vec{b}+\vec{a}\cdot\vec{c}$　（分配法則）

$\vec{a}\cdot\vec{a}=|\vec{a}|^2$

COMMENT　上の2つの性質から，内積では実数の積と同様な計算ができる．第3の性質と合わせて

$$|x\vec{a}+y\vec{b}|^2=(x\vec{a}+y\vec{b})\cdot(x\vec{a}+y\vec{b})$$
$$=x^2\vec{a}\cdot\vec{a}+2xy\vec{a}\cdot\vec{b}+y^2\vec{b}\cdot\vec{b}$$
$$=x^2|\vec{a}|^2+2xy\vec{a}\cdot\vec{b}+y^2|\vec{b}|^2$$

慣れて，途中の式を省略して，すぐに結論の式が出せるようにしてほしい．その際に，あわてて中央の項に絶対値をつけないように．

注意　$|x\vec{a}+y\vec{b}|$ のままでは，これ以上計算できないが，2乗すると上のように計算ができる．よって，

ベクトルの大きさ ⟶ 2乗して考えよ

というのが，ベクトルのとり扱い方の1つのポイントである．

例　$|\vec{a}|=|\vec{a}-2\vec{b}|=4$，$|\vec{b}|=3$ のとき，

$|3\vec{a}-\vec{b}|=$ □

解　$|\vec{a}-2\vec{b}|^2=4^2$ から

$|\vec{a}|^2-4\vec{a}\cdot\vec{b}+4|\vec{b}|^2=16$，$4^2-4\vec{a}\cdot\vec{b}+4\times3^2=16$

$4\vec{a}\cdot\vec{b}=16+36-16=36$，$\vec{a}\cdot\vec{b}=9$

$|3\vec{a}-\vec{b}|^2=9|\vec{a}|^2-6\vec{a}\cdot\vec{b}+|\vec{b}|^2$

$=9\cdot4^2-6\times9+3^2=144-54+9=99$

$\therefore$　$|3\vec{a}-\vec{b}|=\sqrt{99}=\mathbf{3\sqrt{11}}$

183 ベクトル方程式 ★★

点 A$(\vec{a})$ を通り，$\vec{b}$ に平行な直線上の点を P$(\vec{p})$

$$\vec{p}=\vec{a}+t\vec{b}$$

2 点 A$(\vec{a})$，B$(\vec{b})$ を通る直線上の点を P$(\vec{p})$

$$\vec{p}=(1-t)\vec{a}+t\vec{b}$$

点 C$(\vec{c})$ を中心とし，半径 r の円上の点を P$(\vec{p})$

$$|\vec{p}-\vec{c}|=r$$

COMMENT 点 A$(\vec{a})$ と記したのは，A の位置ベクトルが $\vec{a}$，すなわち $\overrightarrow{\mathrm{OA}}=\vec{a}$ のことを示している．

$\vec{p}=\overrightarrow{\mathrm{OP}}=(x,\ y)$ とおくと，点 P が，右辺を位置ベクトルとする図形上にあることになり，このような表し方を直線または円の**ベクトル方程式**という．

参考 第 1 の方程式で，A$(x_0,\ y_0)$，$\vec{b}=(1,\ m)$ とおくと　$(x,\ y)=(x_0,\ y_0)+t(1,\ m)$

$$x=x_0+t,\ y=y_0+mt$$

第 1 式から $t=x-x_0$，これを第 2 式に代入すると

$$y=m(x-x_0)+y_0$$

これは**99**で学んだ直線の方程式で，他の 2 つのベクトル方程式も同様に既知の方程式に変形できる．

例　点 A$(\vec{a})$ を通り，$\vec{b}$ に垂直な直線上の点を P$(\vec{p})$ とすると，そのベクトル方程式は $\boxed{}$ $=0$ である．

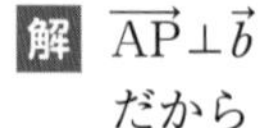

解 $\overrightarrow{\mathrm{AP}}\perp\vec{b}$

だから

$(\vec{p}-\vec{a})\cdot\vec{b}=0$　⇐ **垂直条件は内積が 0**

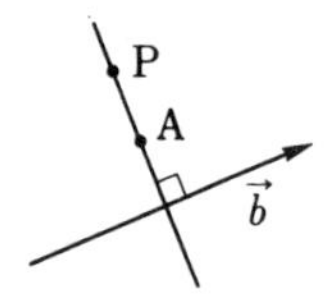

184 空間ベクトル ★★

始点を統一したとき，同一平面上にない3つのベクトルを$\vec{a}$, $\vec{b}$, $\vec{c}$とすると，空間の任意のベクトルは

$$\vec{p}=l\vec{a}+m\vec{b}+n\vec{c}$$

とただ1通りに表される．

点Pが△ABC内または境界上にある条件は

$$l+m+n=1,\ l\geqq 0,\ m\geqq 0,\ n\geqq 0$$

COMMENT 空間ベクトルも，平面ベクトルと考え方はほぼ同じである．172～174はそのまま成り立ち，175と178が上のように少し変わる．

上の文章の後半は前半の続きで，点P，A，B，Cの位置ベクトルをそれぞれ$\vec{p}$，$\vec{a}$，$\vec{b}$，$\vec{c}$と考えている．

参考 点Pが△ABC内および境界上にある条件は，178により

$$\overrightarrow{AP}=m\overrightarrow{AB}+n\overrightarrow{AC},\ m+n\leqq 1,\ 0\leqq m,\ 0\leqq n$$

始点をOとして

$$\overrightarrow{OP}-\overrightarrow{OA}=m(\overrightarrow{OB}-\overrightarrow{OA})+n(\overrightarrow{OC}-\overrightarrow{OA})$$

$$\therefore\ \overrightarrow{OP}=(1-m-n)\overrightarrow{OA}+m\overrightarrow{OB}+n\overrightarrow{OC}$$

ここで，$1-m-n=l$とおけば，上の結果を得る．

例 四面体OABCで$\overrightarrow{OP}=\overrightarrow{OA}+2\overrightarrow{OB}+3\overrightarrow{OC}$のとき，OPと△ABCの交点をDとすると，

$$\overrightarrow{OD}=\boxed{}\ \overrightarrow{OP}$$

解 $\overrightarrow{OD}=k\overrightarrow{OP}$とすると，$\overrightarrow{OD}=k\overrightarrow{OA}+2k\overrightarrow{OB}+3k\overrightarrow{OC}$

Dは△ABC内にあるから

$$k+2k+3k=1,\ 6k=1,\ k=\frac{1}{6}$$

数学C

185 空間ベクトルと成分 ★★★

$\vec{a}=(a_1,\ a_2,\ a_3)$，$\vec{b}=(b_1,\ b_2,\ b_3)$ のとき

$$k\vec{a}+l\vec{b}=(ka_1+lb_1,\ ka_2+lb_2,\ ka_3+lb_3)$$

$$|\vec{a}|=\sqrt{a_1^2+a_2^2+a_3^2}$$

$$\vec{a}\cdot\vec{b}=a_1b_1+a_2b_2+a_3b_3$$

COMMENT $\vec{a}$ と $\vec{b}$ のなす角を θ とすると，$\cos\theta$ は次の式で与えられる．181の 注 意 と比較しよう．

$$\cos\theta=\frac{\vec{a}\cdot\vec{b}}{|\vec{a}||\vec{b}|}=\frac{a_1b_1+a_2b_2+a_3b_3}{\sqrt{a_1^2+a_2^2+a_3^2}\sqrt{b_1^2+b_2^2+b_3^2}}$$

例　$\overrightarrow{\mathrm{OA}}=(1,\ 0,\ 1)$，$\overrightarrow{\mathrm{OB}}=(-2,\ 1,\ 2)$ の両方に垂直で，z 成分が正の単位ベクトルは

(　　　，　　　，　　　)

解　求めるベクトルを $\vec{u}=(x,\ y,\ z)$ とすると

$\vec{u}\perp\overrightarrow{\mathrm{OA}}$ から $(x,\ y,\ z)\cdot(1,\ 0,\ 1)=x+z=0$　……①

$\vec{u}\perp\overrightarrow{\mathrm{OB}}$ から $(x,\ y,\ z)\cdot(-2,\ 1,\ 2)=-2x+y+2z$

$=0$　……②

①より $x=-z$，②より

$$y=2x-2z=2(-z)-2z=-4z$$

$|\vec{u}|=1$，すなわち $x^2+y^2+z^2=1$ に代入して

$$(-z)^2+(-4z)^2+z^2=1,\ 18z^2=1,\ z^2=\frac{1}{18}$$

$z>0$ だから　$z=\dfrac{1}{\sqrt{18}}=\dfrac{1}{3\sqrt{2}}=\dfrac{\sqrt{2}}{6}$

$$\therefore\ \vec{u}=\left(-\frac{\sqrt{2}}{6},\ -\frac{2\sqrt{2}}{3},\ \frac{\sqrt{2}}{6}\right)$$

186　空間の三角形　★★

$\overrightarrow{\mathrm{OA}}=\vec{a}=(a_1,\ a_2,\ a_3)$，$\overrightarrow{\mathrm{OB}}=\vec{b}=(b_1,\ b_2,\ b_3)$ とすると，△OAB の面積は　$\displaystyle \frac{1}{2}\sqrt{|\vec{a}|^2|\vec{b}|^2-(\vec{a}\cdot\vec{b})^2}$

COMMENT　$\vec{a}=\overrightarrow{\mathrm{OA}}$ と $\vec{b}=\overrightarrow{\mathrm{OB}}$ のなす角を θ とすると

$$\triangle\mathrm{OAB}=\frac{1}{2}\mathrm{OA}\cdot\mathrm{OB}\sin\theta$$

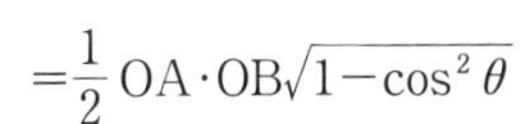

$$=\frac{1}{2}\mathrm{OA}\cdot\mathrm{OB}\sqrt{1-\cos^2\theta}$$

$$=\frac{1}{2}\sqrt{\mathrm{OA}^2\cdot\mathrm{OB}^2-(\mathrm{OA}\cdot\mathrm{OB}\cos\theta)^2}$$

$$=\frac{1}{2}\sqrt{|\overrightarrow{\mathrm{OA}}|^2|\overrightarrow{\mathrm{OB}}|^2-(\overrightarrow{\mathrm{OA}}\cdot\overrightarrow{\mathrm{OB}})^2}=\frac{1}{2}\sqrt{|\vec{a}|^2|\vec{b}|^2-(\vec{a}\cdot\vec{b})^2}$$

参考　成分で表せば，次のようになる．

$$\boldsymbol{\frac{1}{2}\sqrt{(a_1^2+a_2^2+a_3^2)(b_1^2+b_2^2+b_3^2)-(a_1b_1+a_2b_2+a_3b_3)^2}}$$

例　A$(-1,\ 0,\ -2)$，B$(1,\ 2,\ -3)$，C$(2,\ -2,\ 4)$ があるとき，三角形 ABC の面積は [　　　] である．

解　$\overrightarrow{\mathrm{AB}}=\overrightarrow{\mathrm{OB}}-\overrightarrow{\mathrm{OA}}=(2,\ 2,\ -1)$

$\overrightarrow{\mathrm{AC}}=\overrightarrow{\mathrm{OC}}-\overrightarrow{\mathrm{OA}}=(3,\ -2,\ 6)$

$|\overrightarrow{\mathrm{AB}}|^2=2^2+2^2+(-1)^2=9$

$|\overrightarrow{\mathrm{AC}}|^2=3^2+(-2)^2+6^2=49$

$\overrightarrow{\mathrm{AB}}\cdot\overrightarrow{\mathrm{AC}}=2\times3+2\times(-2)+(-1)\times6=6-4-6=-4$

$$\triangle\mathrm{ABC}=\frac{1}{2}\sqrt{9\times49-(-4)^2}=\frac{\sqrt{425}}{2}=\boldsymbol{\frac{5\sqrt{17}}{2}}$$

187 平面と球面 ★

空間で，点 $A(\vec{a})$ を通り，$\vec{b}$ に垂直な平面のベクトル方程式は　$(\vec{p}-\vec{a})\cdot\vec{b}=0$

点 $A(\vec{a})$ を中心として，半径 r の球面のベクトル方程式は　$|\vec{p}-\vec{a}|=r$

COMMENT　平面上の任意の点をPとすると，$\overrightarrow{AP}\perp\vec{b}$ だから ⇐ **垂直条件は内積が 0**

$$(\vec{p}-\vec{a})\cdot\vec{b}=0$$

もし，

$A(x_0,\ y_0,\ z_0)$，$P(x,\ y,\ z)$

で，$\vec{b}=(l,\ m,\ n)$ ならば，この関係は次の形となる．

$$l(x-x_0)+m(y-y_0)+n(z-z_0)=0$$

球面のベクトル方程式は，条件が $PA=r$ だから，平面での円のベクトル方程式183と同じ形である．

参考　空間での直線のベクトル方程式は183と同じ．ただし，成分で表すとき，z 成分も必要となる．

例　定ベクトル $\vec{a}$ に対し，$|\vec{p}|^2=(4\vec{p}+5\vec{a})\cdot\vec{a}$ は，中心の位置ベクトルが［　　］$\vec{a}$，半径が［　　］$|\vec{a}|$ の球面のベクトル方程式である．

解　2次関数の標準形への変形16をまねる．

$|\vec{p}|^2-4\vec{p}\cdot\vec{a}-5|\vec{a}|^2=|\vec{p}|^2-4\vec{p}\cdot\vec{a}+4|\vec{a}|^2-9|\vec{a}|^2$

$=|\vec{p}-2\vec{a}|^2-9|\vec{a}|^2=0$

$\therefore\ |\vec{p}-2\vec{a}|^2=9|\vec{a}|^2\qquad|\vec{p}-2\vec{a}|=3|\vec{a}|$

よって，中心は $\mathbf{2}\vec{a}$，半径は $\mathbf{3}|\vec{a}|$ の球面を表す．

数学C

188 放物線の方程式の標準形 ★★

(1)　$y^2=4px$ $(p\neq 0)$：**焦点** $F(p,\ 0)$，**準線** $x=-p$，
頂点は原点，**軸**は x 軸

(2)　$x^2=4py$ $(p\neq 0)$：**焦点** $F(0,\ p)$，**準線** $y=-p$，
頂点は原点，**軸**は y 軸

(1)
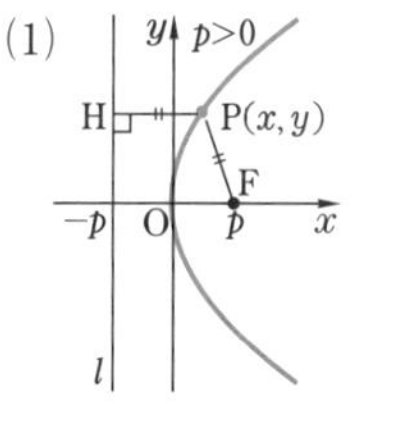

(2)
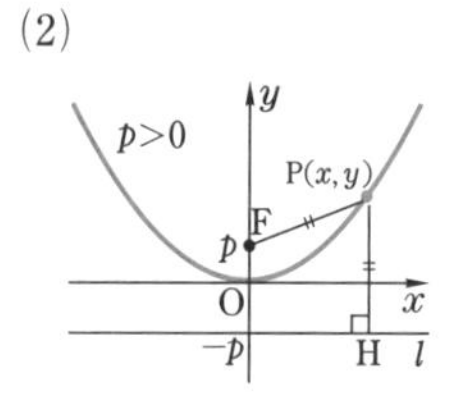

COMMENT　平面上で，**定点 F と，F を通らない定直線 l からの距離が等しい**点 P の軌跡を**放物線**といい，点 F を**焦点**，直線 l を**準線**という．(1)の場合，点 P から l に下ろした垂線を PH としたとき，PF=PH，すなわち $\sqrt{(x-p)^2+y^2}=|x-(-p)|$ から標準形が導かれる．

注意　放物線 $y^2=4px$ 上の点 $(x_1,\ y_1)$ における**接線の方程式**は　$\boldsymbol{y_1y=2p(x+x_1)}$

例　焦点が (4,　0)，準線が $x=-4$ である放物線の方程式は［　　］，放物線上の点 (1,　4) における接線の方程式は［　　］である．また，放物線 $x^2=-12y$ の焦点は［　　］，準線は［　　］である．

解　標準形で $p=4$ なので，放物線の方程式は $\boldsymbol{y^2=16x}$
接線の方程式は $4y=8(x+1)$ より $\boldsymbol{y=2(x+1)}$
また，放物線 $x^2=-12y$ の焦点は $\boldsymbol{(0,\ -3)}$，準線は $\boldsymbol{y=3}$

189 楕円の方程式の標準形 ★★

(1)　$\dfrac{x^2}{a^2}+\dfrac{y^2}{b^2}=1$ $(a>b>0)$

- **焦点** F$(c,\ 0)$, F$'(-c,\ 0)$
  $(c=\sqrt{a^2-b^2})$, 中心は原点
- 楕円上の点から 2 つの焦点までの**距離の和**は $2a$
- **長軸**の長さは $2a$, **短軸**の長さは $2b$

(2)　$\dfrac{x^2}{a^2}+\dfrac{y^2}{b^2}=1$ $(b>a>0)$

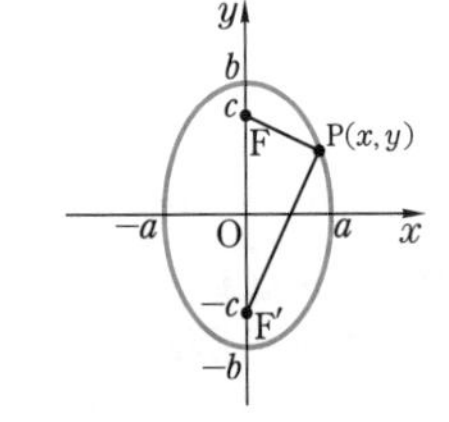

- **焦点** F$(0,\ c)$, F$'(0,\ -c)$
  $(c=\sqrt{b^2-a^2})$, 中心は原点
- 楕円上の点から 2 つの焦点までの**距離の和**は $2b$
- **長軸**の長さは $2b$, **短軸**の長さは $2a$

COMMENT　平面上で, 異なる **2 定点 F, F′ からの距離の和が一定**である点 P の軌跡を**楕円**といい, この 2 点 F, F′ を楕円の**焦点**という.

注意　楕円 $\dfrac{x^2}{a^2}+\dfrac{y^2}{b^2}=1$ 上の点 $(x_1,\ y_1)$ における**接線の方程式**は　$\dfrac{x_1x}{a^2}+\dfrac{y_1y}{b^2}=1$

例　楕円 $\dfrac{x^2}{16}+\dfrac{y^2}{9}=1$ の焦点は ［　　］, 長軸の長さは ［　　］, 短軸の長さは ［　　］ である.

解　標準形で $a=4$, $b=3$ なので, 焦点は $(\sqrt{7},\ 0)$, $(-\sqrt{7},\ 0)$, 長軸の長さは **8**, 短軸の長さは **6**

190 双曲線の方程式の標準形 ★★

(1) $\dfrac{x^2}{a^2}-\dfrac{y^2}{b^2}=1\ (a>0,\ b>0)$

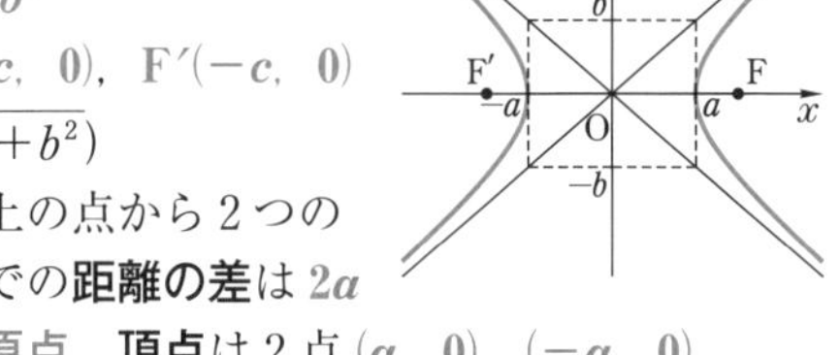

・**焦点** $\mathrm{F}(c,\ 0)$, $\mathrm{F}'(-c,\ 0)$
$(c=\sqrt{a^2+b^2})$

・双曲線上の点から 2 つの焦点までの**距離の差**は $2a$

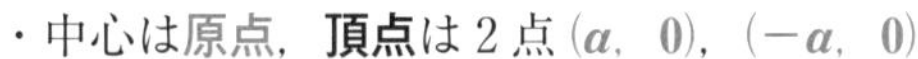

・中心は原点，**頂点**は 2 点 $(a,\ 0)$, $(-a,\ 0)$

(2) $\dfrac{x^2}{a^2}-\dfrac{y^2}{b^2}=-1\ (a>0,\ b>0)$

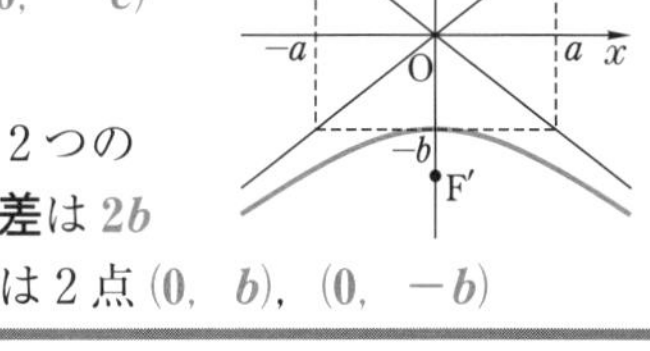

・**焦点** $\mathrm{F}(0,\ c)$, $\mathrm{F}'(0,\ -c)$
$(c=\sqrt{a^2+b^2})$

・双曲線上の点から 2 つの焦点までの**距離の差**は $2b$

・中心は原点，**頂点**は 2 点 $(0,\ b)$, $(0,\ -b)$

COMMENT 平面上で，異なる **2 定点 F，F′ からの距離の差が 0 でない一定値**である点の軌跡を**双曲線**といい，この 2 点 F，F′ を双曲線の**焦点**という．

漸近線は 2 直線 $\dfrac{x}{a}-\dfrac{y}{b}=0$, $\dfrac{x}{a}+\dfrac{y}{b}=0$ である．

注意 双曲線 $\dfrac{x^2}{a^2}-\dfrac{y^2}{b^2}=\pm1$ 上の点 $(x_1,\ y_1)$ における**接線**の方程式は $\dfrac{x_1x}{a^2}-\dfrac{y_1y}{b^2}=\pm1$ (複号同順)

例 双曲線 $\dfrac{x^2}{16}-\dfrac{y^2}{9}=1$ の漸近線は ＿＿＿ である．

解 標準形で $a=4$, $b=3$ なので，$\dfrac{x}{4}-\dfrac{y}{3}=0$, $\dfrac{x}{4}+\dfrac{y}{3}=0$

191 媒介変数表示(Ⅰ) ★

(1) 放物線 $y^2=4px\ (p\neq 0)$ の媒介変数表示は

$$x=pt^2,\quad y=2pt$$

(2) 楕円 $\dfrac{x^2}{a^2}+\dfrac{y^2}{b^2}=1\ (a>0,\ b>0)$ の媒介変数表示は　$x=a\cos\theta,\ y=b\sin\theta$

(3) 双曲線 $\dfrac{x^2}{a^2}-\dfrac{y^2}{b^2}=1\ (a>0,\ b>0)$ の媒介変数表示は　$x=\dfrac{a}{\cos\theta},\ y=b\tan\theta$

または　$x=\dfrac{a}{2}\left(t+\dfrac{1}{t}\right),\ y=\dfrac{b}{2}\left(t-\dfrac{1}{t}\right)$

COMMENT　平面上の曲線 C が1つの変数 t によって $x=f(t),\ y=g(t)$ の形に表されたとき，これを曲線 C の**媒介変数表示**（**パラメータ表示**）といい，変数 t を**媒介変数**（**パラメータ**）という．

注意　媒介変数による表示の仕方は，一通りではない．

例　媒介変数表示　$x=3\cos\theta-2,\ y=3\sin\theta+5$ が表す曲線は，中心[　　]，半径[　　]の円である．

解　$\cos\theta=\dfrac{x+2}{3},\ \sin\theta=\dfrac{y-5}{3}$ を $\sin^2\theta+\cos^2\theta=1$ に代入して整理すると　$(x+2)^2+(y-5)^2=9$

よって，中心 $(\mathbf{-2,\ 5})$，半径 $\mathbf{3}$ の円を表す．

192 媒介変数表示(Ⅱ) ★

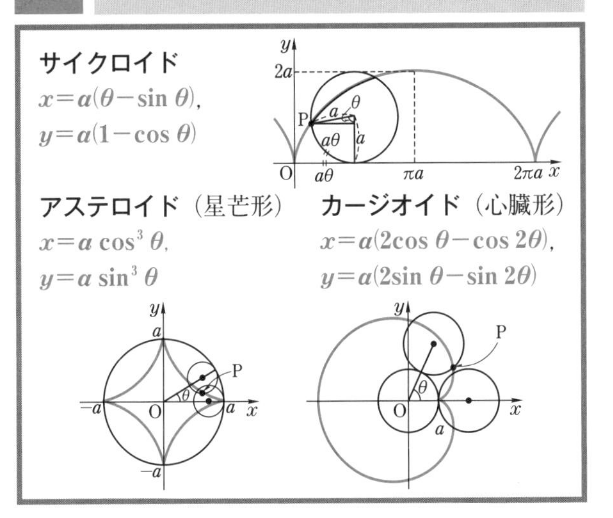

COMMENT

(1) 半径 a の円が x 軸に接しながら回転するとき，円周上の定点Pが描く曲線を**サイクロイド**という．

(2) 半径 a の円 O 上を，半径 $\dfrac{a}{4}$ の円 C が内接しながら回転するとき，C 上の点Pの描く曲線を**アステロイド**という．

(3) 半径 a の円 O 上を，半径 a の円 C が外接しながら回転するとき，C 上の点Pの描く曲線を**カージオイド**という．

例　サイクロイド $x=4(\theta-\sin\theta)$，$y=4(1-\cos\theta)$ の $\theta=\pi$ のときの点の座標は［　　　］である．

解　$x=4(\pi-\sin\pi)=4\pi$，$y=4(1-\cos\pi)=8$ より，点の座標は $(\mathbf{4\pi},\ \mathbf{8})$

数学C

193 極座標 ★★★

極座標 $(r,\ \theta)$ と**直交座標** $(x,\ y)$ の関係は

$x=r\cos\theta,\ \ y=r\sin\theta,$

および，$r=\sqrt{x^2+y^2}$，

$\cos\theta=\dfrac{x}{r},\ \ \sin\theta=\dfrac{y}{r}\quad(r\neq0)$

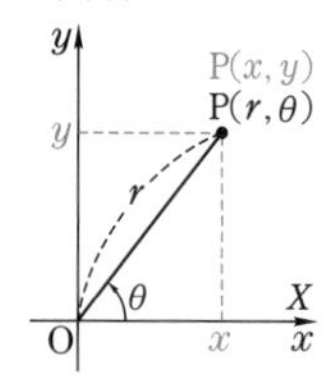

COMMENT 原点Oを**極**，半直線OXを**始線**，角 θ を**偏角**という．極座標 $(r,\ \theta)$ の点を表すのに，図のように同心円と偏角が $\dfrac{\pi}{6}$，$\dfrac{\pi}{4}$，$\dfrac{\pi}{3}$ などの半直線をかいておくと便利である．

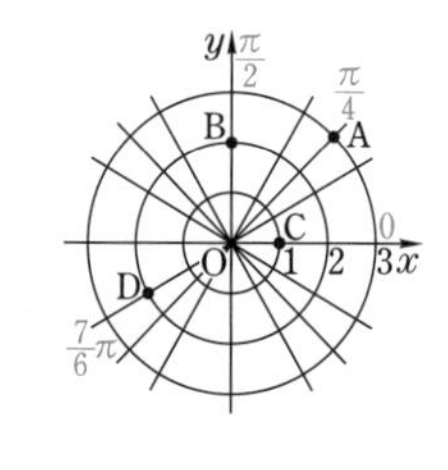

$\mathrm{A}\left(3,\ \dfrac{\pi}{4}\right)$，$\mathrm{B}\left(2,\ \dfrac{\pi}{2}\right)$，$\mathrm{C}(1,\ 0)$，$\mathrm{D}\left(2,\ \dfrac{7}{6}\pi\right)$

例　極座標が $\left(2,\ \dfrac{\pi}{6}\right)$ である点の直交座標は［　　］である．直交座標が $(-3,\ 3)$ である点の極座標は $0\leqq\theta<2\pi$ で考えると［　　］である．

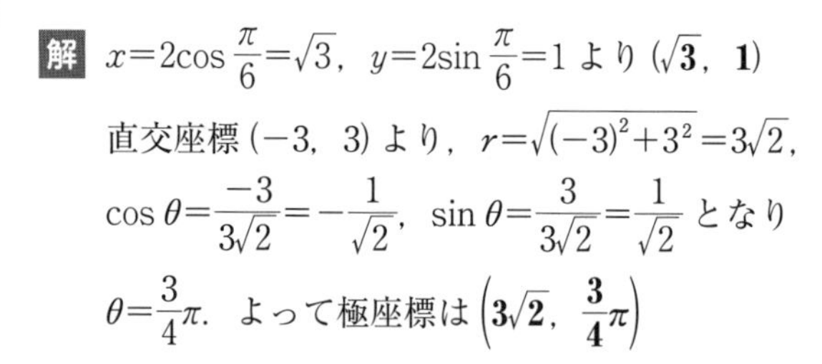

解　$x=2\cos\dfrac{\pi}{6}=\sqrt{3}$，$y=2\sin\dfrac{\pi}{6}=1$ より $(\boldsymbol{\sqrt{3}},\ \boldsymbol{1})$

直交座標 $(-3,\ 3)$ より，$r=\sqrt{(-3)^2+3^2}=3\sqrt{2}$，

$\cos\theta=\dfrac{-3}{3\sqrt{2}}=-\dfrac{1}{\sqrt{2}}$，$\sin\theta=\dfrac{3}{3\sqrt{2}}=\dfrac{1}{\sqrt{2}}$ となり

$\theta=\dfrac{3}{4}\pi$．よって極座標は $\left(\boldsymbol{3\sqrt{2}},\ \boldsymbol{\dfrac{3}{4}\pi}\right)$

194 曲線の極方程式 ★

(1) 極Oを中心とする半径 a の円

$$r=a$$

(2) 点 $A(a,\ 0)$ を中心とする半径 a の円

$$r=2a\cos\theta$$

(3) 極Oを通り，始線となす角が α の直線

$$\theta=\alpha$$

(4) 点 $A(a,\ \alpha)$ を通り，OA と垂直な直線

$$r\cos(\theta-\alpha)=a$$

COMMENT 平面上の曲線が極座標 $(r,\ \theta)$ に関する方程式 $r=f(\theta)$ や $F(r,\ \theta)=0$ で表されるとき，これを曲線の**極方程式**という．極方程式では，$r<0$ の極座標の点 $(r,\ \theta)$ は極座標が $(|r|,\ \theta+\pi)$ である点と考える．たとえば，$\left(-3,\ \dfrac{\pi}{4}\right)$ と $\left(3,\ \dfrac{5}{4}\pi\right)$ は同じ点を表す．

例 極方程式 $r=4(\cos\theta+\sin\theta)$ の表す曲線を，直交座標に関する方程式で表すと □ となる．したがって，この曲線は，極座標が □ である点を中心とし，半径が □ である円である．

解 $r=4(\cos\theta+\sin\theta)$ の両辺に r を掛けると

$r^2=4(r\cos\theta+r\sin\theta)$ となる．

$r\cos\theta=x$，$r\sin\theta=y$ を代入すると，直交座標に関する方程式は $\boldsymbol{x^2+y^2-4x-4y=0}$，すなわち，$(x-2)^2+(y-2)^2=(2\sqrt{2})^2$ なので，円の中心は直交座標で $(2,\ 2)$，極座標で $\left(\boldsymbol{2\sqrt{2},\ \dfrac{\pi}{4}}\right)$，半径は $\boldsymbol{2\sqrt{2}}$

195 複素数平面と極形式 ★★★

複素数 $z=a+bi$ の**絶対値**は
$|\boldsymbol{z}|=\sqrt{\boldsymbol{z}\overline{\boldsymbol{z}}}=|\boldsymbol{a}+\boldsymbol{bi}|=\sqrt{\boldsymbol{a}^2+\boldsymbol{b}^2}$,
$|\boldsymbol{z}|=|-\boldsymbol{z}|=|\overline{\boldsymbol{z}}|$
0 でない複素数 $z=a+bi$ の極形式は，$a=r\cos\theta$，$b=r\sin\theta$ とおくと
$z=r(\cos\theta+i\sin\theta)$
$r=|z|$（**絶対値**），$\theta=\arg z$（**偏角**）
$z=0$ のとき $r=0$ であり，偏角は定まらない．

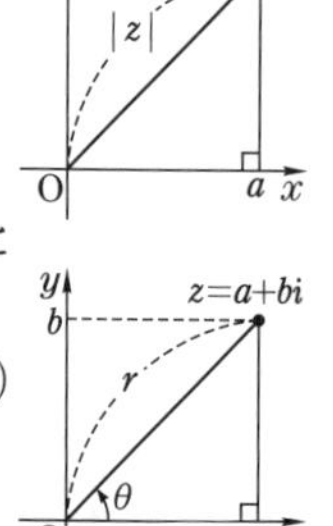

COMMENT 複素数 $z=a+bi$ を座標平面上の点 (a, b) で表したとき，この平面を**複素数平面**といい，x 軸を**実軸**，y 軸を**虚軸**という．複素数 z の偏角の 1 つを θ_0 とすると，　$\boldsymbol{\arg z=\theta_0+2n\pi}$　（n は整数）

共役複素数 $\overline{z}$ の極形式は

$$\overline{z}=r(\cos\theta-i\sin\theta)=\boldsymbol{r\{\cos(-\theta)+i\sin(-\theta)\}}$$

となるので，$\boldsymbol{\arg\overline{z}=-\arg z}$ が成り立つ．

例　複素数 $z=-2+2\sqrt{3}\,i$ を極形式で表すと
$z=$ □ である．

解　$r=|z|=\sqrt{(-2)^2+(2\sqrt{3})^2}=\sqrt{16}=4$,

$\cos\theta=\dfrac{-2}{4}=-\dfrac{1}{2}$，$\sin\theta=\dfrac{2\sqrt{3}}{4}=\dfrac{\sqrt{3}}{2}$

$0\leqq\theta<2\pi$ の範囲で考えると $\theta=\arg z=\dfrac{2}{3}\pi$

よって，$z=\boldsymbol{4\left(\cos\dfrac{2}{3}\pi+i\sin\dfrac{2}{3}\pi\right)}$

196 複素数の乗法・除法 ★★★

$z_1=r_1(\cos\theta_1+i\sin\theta_1)$，$z_2=r_2(\cos\theta_2+i\sin\theta_2)$ のとき，

$$\boldsymbol{z_1z_2=r_1r_2\{\cos(\theta_1+\theta_2)+i\sin(\theta_1+\theta_2)\}}$$

$$\boldsymbol{\frac{z_1}{z_2}=\frac{r_1}{r_2}\{\cos(\theta_1-\theta_2)+i\sin(\theta_1-\theta_2)\}}$$

COMMENT 積は三角関数の加法定理を用いて導ける．商も同様である．

$$\begin{aligned}z_1z_2&=r_1(\cos\theta_1+i\sin\theta_1)\cdot r_2(\cos\theta_2+i\sin\theta_2)\\&=r_1r_2\{(\cos\theta_1\cos\theta_2-\sin\theta_1\sin\theta_2)\\&\quad+i(\sin\theta_1\cos\theta_2+\cos\theta_1\sin\theta_2)\}\\&=r_1r_2\{\cos(\theta_1+\theta_2)+i\sin(\theta_1+\theta_2)\}\end{aligned}$$

注意 $z=r(\cos\theta+i\sin\theta)$ $(r>0)$ のとき，$1=\cos 0+i\sin 0$ を用いれば

$$\begin{aligned}\frac{1}{z}&=\frac{1}{r}\{\cos(0-\theta)+i\sin(0-\theta)\}\\&=\frac{1}{r}\{\cos(-\theta)+i\sin(-\theta)\}\end{aligned}$$

が成り立つ．

例 $z_1=3\left(\cos\frac{\pi}{4}+i\sin\frac{\pi}{4}\right)$，$z_2=\sqrt{3}\left(\cos\frac{\pi}{6}+i\sin\frac{\pi}{6}\right)$ のとき，$z_1z_2=$ □，$\frac{1}{z_1}=$ □ である．答えは極形式で表すこと．

解
$$\begin{aligned}z_1z_2&=3\sqrt{3}\left\{\cos\left(\frac{\pi}{4}+\frac{\pi}{6}\right)+i\sin\left(\frac{\pi}{4}+\frac{\pi}{6}\right)\right\}\\&=\boldsymbol{3\sqrt{3}\left(\cos\frac{5}{12}\pi+i\sin\frac{5}{12}\pi\right)}\end{aligned}$$

$$\frac{1}{z_1}=\boldsymbol{\frac{1}{3}\left\{\cos\left(-\frac{\pi}{4}\right)+i\sin\left(-\frac{\pi}{4}\right)\right\}}$$

197 ド・モアブルの定理 ★★★

n が整数のとき

$$(\cos\theta+i\sin\theta)^n=\cos n\theta+i\sin n\theta$$

COMMENT

$$(\cos\theta+i\sin\theta)^2=(\cos\theta+i\sin\theta)(\cos\theta+i\sin\theta)$$
$$=\cos 2\theta+i\sin 2\theta$$
$$(\cos\theta+i\sin\theta)^3=(\cos 2\theta+i\sin 2\theta)(\cos\theta+i\sin\theta)$$
$$=\cos 3\theta+i\sin 3\theta$$

となり，一般の自然数 n について

$$(\cos\theta+i\sin\theta)^n=\cos n\theta+i\sin n\theta$$

が成り立つ．また，一般の自然数 n について

$$(\cos\theta+i\sin\theta)^{-n}=\left(\frac{1}{z}\right)^n=\cos(-n\theta)+i\sin(-n\theta)$$

となる．0 でない複素数 z に対して，$z^0=1$ と定めると，$n=0$ のときも成り立つ．

以上より，上述のド・モアブルの定理が成り立つ．

注意　n が整数のとき，$z=r(\cos\theta+i\sin\theta)\ (r>0)$ に対して $z^n=r^n(\cos n\theta+i\sin n\theta)$ が成り立つ．

例　$(1+\sqrt{3}i)^6=$ ［　　　］ である．

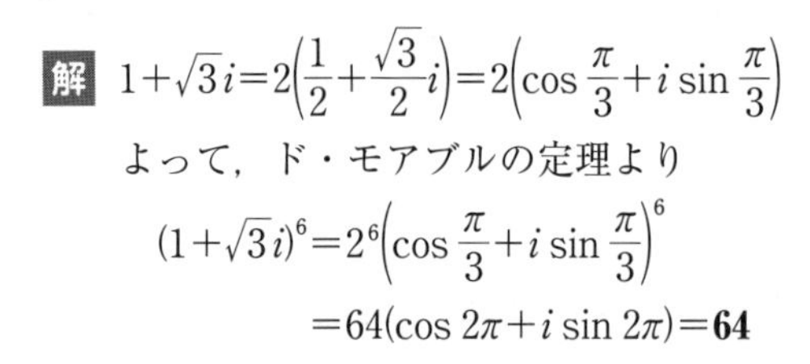
解　$1+\sqrt{3}i=2\left(\frac{1}{2}+\frac{\sqrt{3}}{2}i\right)=2\left(\cos\frac{\pi}{3}+i\sin\frac{\pi}{3}\right)$

よって，ド・モアブルの定理より

$$(1+\sqrt{3}i)^6=2^6\left(\cos\frac{\pi}{3}+i\sin\frac{\pi}{3}\right)^6$$
$$=64(\cos 2\pi+i\sin 2\pi)=\mathbf{64}$$

198 1の n 乗根

自然数 n に対して，**1の n 乗根**（$z^n=1$ の解）は

$$\boldsymbol{z_k=\cos\frac{2k\pi}{n}+i\sin\frac{2k\pi}{n}\ (k=0,\ 1,\ 2,\ \cdots,\ n-1)}$$

COMMENT $z^n=1$ より $|z|^n=|z^n|=1$ なので $|z|=1$ となる．よって，$z=\cos\theta+i\sin\theta$ と表せる．このとき，ド・モアブルの定理より $z^n=\cos n\theta+i\sin n\theta=1$ となるので，$\cos n\theta=1$，$\sin n\theta=0$ である．この関係式を用いれば公式が得られる．

注意 自然数 n に対して，

$z_k=\cos\dfrac{2k\pi}{n}+i\sin\dfrac{2k\pi}{n}$

$(k=0,\ 1,\ 2,\ \cdots,\ n-1)$ を表す点は，**単位円を n 等分する n 個の分点**である．

例 方程式 $z^4=8(-1+\sqrt{3}i)$ の解は $\boxed{}$ である．

解 $z=r(\cos\theta+i\sin\theta)$……①とおくと

$r^4(\cos 4\theta+i\sin 4\theta)=16\left(\cos\dfrac{2\pi}{3}+i\sin\dfrac{2\pi}{3}\right)$

よって，$r^4=16$，$4\theta=\dfrac{2\pi}{3}+2k\pi$（$k$は整数）

$r>0$，$0\leqq\theta<2\pi$ より

$$r=2,\ \theta=\frac{\pi}{6}+\frac{k\pi}{2}\ (k=0,\ 1,\ 2,\ 3)$$

これらを①に代入して

$\boldsymbol{z=\sqrt{3}+i,\ -1+\sqrt{3}i,\ -\sqrt{3}-i,\ 1-\sqrt{3}i}$

199 一般の点を中心とする回転★★

> 点 β を，**点 α を中心として角 θ だけ回転**した点 γ は
> $$\gamma=\alpha+(\cos\theta+i\sin\theta)(\beta-\alpha)$$

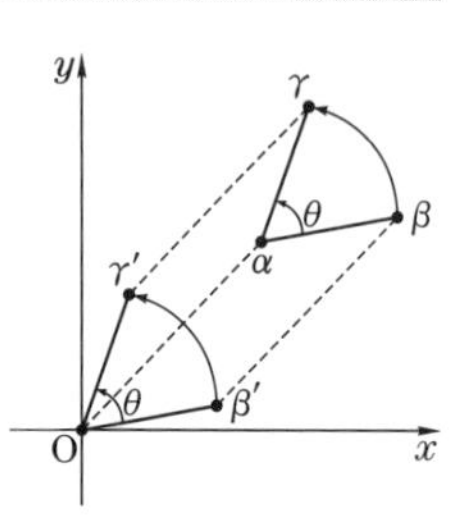

COMMENT 点 α が原点に移るような平行移動で，点 β が点 β' に，点 γ が点 γ' に移るとすると，$\beta'=\beta-\alpha$，$\gamma'=\gamma-\alpha$ となる．このとき，点 γ' は，点 β' を原点を中心として角 θ だけ回転した点で，$\gamma'=(\cos\theta+i\sin\theta)\beta'$ となる．この式に $\beta'=\beta-\alpha$，$\gamma'=\gamma-\alpha$ を代入すれば公式が得られる．

注意 複素数 z と α に対して，αz は原点を中心に z を **$|\alpha|$ 倍**に伸縮して **$\arg\alpha$ だけ回転**した点を表す．

例 複素数平面上の点 $\alpha=2+3i$，$\beta=5-2i$ があるとき，点 α を虚軸方向へ 2 平行移動した点 ω_1 は $\boxed{}$ である．また，点 β を点 α を中心に $\frac{\pi}{4}$ だけ回転した点 ω_2 は $\boxed{}$ である．

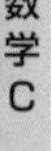

解 $\omega_1=(2+3i)+2i=\mathbf{2+5i}$ である．また，
$\beta-\alpha=5-2i-(2+3i)=3-5i$ なので

$$\omega_2=\alpha+\left(\cos\frac{\pi}{4}+i\sin\frac{\pi}{4}\right)(\beta-\alpha)$$
$$=2+3i+\left(\frac{1}{\sqrt{2}}+\frac{1}{\sqrt{2}}i\right)(3-5i)$$
$$=\mathbf{(2+4\sqrt{2})+(3-\sqrt{2})i}$$

200 半直線のなす角 ★★

異なる3点 A(α), B(β), C(γ) について

$$\angle\mathbf{BAC}=\arg\frac{\gamma-\alpha}{\beta-\alpha}$$

（$\angle$BAC は向きを考えた角）

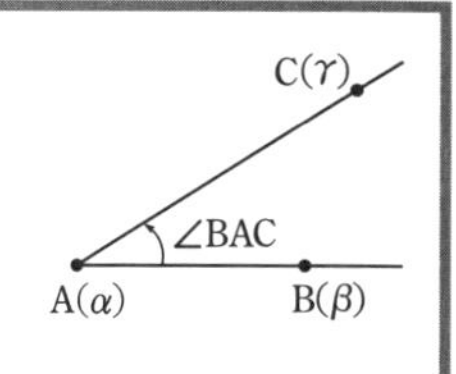

COMMENT 点 α が原点に移るような平行移動で，点 β が点 β' に，点 γ が点 γ' に移るとすると，$\beta'=\beta-\alpha$，$\gamma'=\gamma-\alpha$ となり，

$\angle\text{BAC}=\arg\gamma'-\arg\beta'$

$$=\arg\frac{\gamma'}{\beta'}=\arg\frac{\gamma-\alpha}{\beta-\alpha}$$

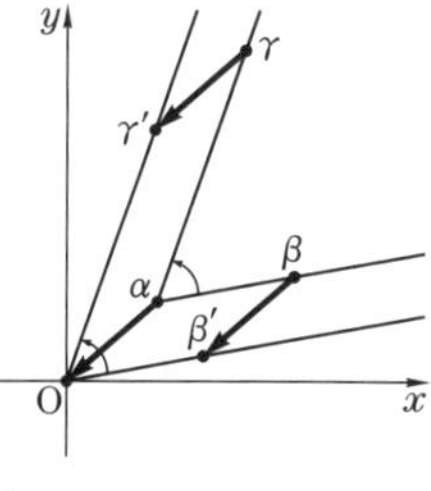

注意 3点 A，B，C が**一直線上**

$$\iff \arg\frac{\gamma-\alpha}{\beta-\alpha}=0,\ \pi \iff \frac{\gamma-\alpha}{\beta-\alpha}\text{ が実数}$$

2直線 AB，AC が**垂直**

$$\iff \arg\frac{\gamma-\alpha}{\beta-\alpha}=\frac{\pi}{2},\ -\frac{\pi}{2} \iff \frac{\gamma-\alpha}{\beta-\alpha}\text{ が純虚数}$$

例 3点 A(α)，B(β)，C(γ) について $\alpha=1+i$，$\beta=4+2i$，$\gamma=2+3i$ のとき，$\angle$BAC= ［　　］ である．

解 $\dfrac{\gamma-\alpha}{\beta-\alpha}=\dfrac{(2+3i)-(1+i)}{(4+2i)-(1+i)}=\dfrac{1+2i}{3+i}=\dfrac{1+i}{2}$

$$=\frac{\sqrt{2}}{2}\left(\cos\frac{\pi}{4}+i\sin\frac{\pi}{4}\right)$$

より $\angle\text{BAC}=\arg\dfrac{\gamma-\alpha}{\beta-\alpha}=\boldsymbol{\dfrac{\pi}{4}}$

補充1　約数と倍数　★★★

正の整数 A，B の最大公約数を G，最小公倍数を L とすると

$A=aG$，$B=bG$（a と b は互いに素）

$L=abG$，$GL=AB$

COMMENT この考え方は，整数だけでなく，整式にも使える．整数 A，B で，素因数分解が $A=p^2q^3r^5$，$B=p^5q^2r^3$ で表されるとき，最大公約数は指数の小さい方をとり，$G=p^2q^2r^3$，最小公倍数は指数の大きい方をとり，$L=p^5q^3r^5$ となる．整式の場合には，整数の素因数分解の代わりに，因数分解が必要となる．また，整式では，それ以上因数分解できない $x+2$ や x^2+1 が素数の代用となる．

例 (1) 積が 1620 であり，最小公倍数が 270 であるような 2 つの正の整数の最大公約数は □ である．

(2) 和が 80 であり，最大公約数が 8 であるような正の整数の組は □ と □，□ と □ である．

解 2 つの正の整数を A，B とする．

(1) A と B の最大公約数を G，最小公倍数を L とすると，$GL=AB$ であるから $270G=1620$．
よって，$G=1620\div270=\mathbf{6}$

(2) $A\leqq B$ とするとき，最大公約数が 8 であるから $A=8a$，$B=8b$ とおける．ただし，a と b は互いに素であり，$a\leqq b$ である．$A+B=80$ より $a+b=80\div8=10$ となる．これらの条件をみたすような正の整数 a，b の組は $a=1$，$b=9$；$a=3$，$b=7$ なので　**8 と 72，24 と 56**

補充2　ユークリッドの互除法　★★

2つの正の整数aとbの最大公約数は，以下の手順で求められる.
① aをbで割ったときの商qと余りrを求める.
② $r\neq 0$ならば，aをbに，bをrに置き換えて①に戻る.
　$r=0$ならば，③へ進む.
③ このときの割った数bが最大公約数である.

COMMENT aをbで割ったときの商をq，余りをrとすると，$a=bq+r\ (0\leqq r<b)$が成り立つ（除法の原理）．このとき，もし$r\neq 0$ならば，aとbの最大公約数は，bとrの最大公約数に等しい．もし$r=0$ならば，aとbの最大公約数はbである．ユークリッドの互除法はこの原理を利用したものである．具体的には，以下の手順を余りが0になるまでくり返す.

$a=b\cdot q+r$　（qは商，rは余り）

$b=r\cdot s+t$　（sは商，tは余り）

注意 ユークリッドの互除法では，素因数分解を使わずに2つの整数の最大公約数が求められる.

例　6105と4662の最大公約数は［　　］である.

解 ユークリッドの互除法より最大公約数は**111**である．なお，素因数分解を用いれば
$6105=3\times5\times11\times37$
$4662=2\times3\times3\times7\times37$
より，$3\times37=$**111**

$6105=4662\times1+1443$
$4662=1443\times3+333$
$1443=333\times4+111$
$333=111\times3+0$

数学A

補充3　2元1次不定方程式（Ⅰ）　★★★

a, b, c を整数とする．2元1次不定方程式 $ax+by=c$ において，a と b が互いに素であり，1組の整数解が $x=\alpha$, $y=\beta$ ならば，この方程式のすべての整数解は

$$\begin{cases} x=\quad bk+\alpha \\ y=-ak+\beta \end{cases} \quad (k\text{ は整数})$$

COMMENT　$x=\alpha$, $y=\beta$ は1次不定方程式

$$ax+by=c \quad \cdots\cdots ①$$

の解であるから

$$a\alpha+b\beta=c \quad \cdots\cdots ②$$

となる．① − ②より

$$a(x-\alpha)+b(y-\beta)=0$$

すなわち，$a(x-\alpha)=-b(y-\beta)$……③が成り立つ．
a と b が互いに素なので，$x-\alpha$ は b の倍数であり，
$x-\alpha=bk$（k は整数）と表せる．
これを③に代入すると，$y-\beta=-ak$ となる．

1次不定方程式 $ax+by=c$（$b\neq 0$）の解は，直線 $y=-\dfrac{a}{b}x+\dfrac{c}{b}$ 上の点 $(x,\ y)$ に対応するので，この直線上の点のうち整数の組 $(x,\ y)$ を求めればよい．

注意　2元1次不定方程式 $ax+by=1$ は，a と b が互いに素ならば必ず整数解をもつ．（補充4を参照）

例　$3x+7y=2$ のすべての整数解を求めよ．

解　$3x+7y=2$ の整数解の1つは $x=3$, $y=-1$ なので，この1次不定方程式のすべての整数解は
$\boldsymbol{x=7k+3,\ y=-3k-1}$ **（k は整数）**

補充 4　2元1次不定方程式（Ⅱ）　★★★

整数 a と b が互いに素であるとき，1次不定方程式　$ax+by=1$　の整数解は，ユークリッドの互除法を用いて求めることができる．

COMMENT　1次不定方程式　$337x+101y=1$ の1組の整数解をユークリッドの互除法を用いて求めてみよう．

$a=337,\ b=101$　とする．（a と b は互いに素である）

$337=101\cdot3+34$　から

$34=337-101\cdot3=a-3b$

$101=34\cdot2+33$　から

$33=101-34\cdot2=b-2(a-3b)=-2a+7b$

$34=33\cdot1+1$　から

$1=34-33\cdot1=(a-3b)-1\cdot(-2a+7b)=3a-10b$

すなわち　$1=337\cdot3+101\cdot(-10)$

ゆえに，求める整数解の1組は

$x=3,\ y=-10$

参考　一般解を求めると

$x=101k+3,\ y=-337k-10$　（k は整数）

例　1次不定方程式　$192x+55y=1$ の整数解の1組は $x=$ □，$y=$ □　である．

解　$a=192,\ b=55$ とする．

$192=55\cdot3+27$　から　$27=192-55\cdot3=a-3b$

$55=27\cdot2+1$　から

$1=55-27\cdot2=b-2(a-3b)=-2a+7b$

すなわち　$1=192\cdot(-2)+55\cdot7$

ゆえに，求める整数解の1組は

$x=\mathbf{-2},\ y=\mathbf{7}$

補充 5　2 文字の整数問題　★★

a, b, c を与えられた整数とするとき

$$mn+am+bn+c=0$$

をみたす整数の組 $(m,\ n)$ は

$$(m+b)(n+a)=ab-c$$

と変形するか，m を n で解いて，

$$m=-b+\frac{ab-c}{n+a}$$

と変形してから求める.

COMMENT　$(m+b)(n+a)=ab-c$

において，現れる文字はすべて整数だから，$m+b$ と $n+a$ も整数で，この 2 整数の積が整数 $ab-c$ になればよい.

よって，$ab-c(\neq 0)$ の 1 つの約数（負でもよい）を k_1 とし，$(ab-c)\div k_1=k_2$ とすると

$$\begin{cases} m+b=k_1 \\ n+a=k_2 \end{cases} \longrightarrow \begin{cases} m=k_1-b \\ n=k_2-a \end{cases}$$

と 1 組の解が得られる．異なる k_1 には異なる組が得られるので，整数の組 $(m,\ n)$ の個数は $ab-c$ の約数の個数に等しい.

例　$mn-m+n=3$ をみたす整数 m, n のすべての組は，$(m,\ n)=($□$)$, $($□$)$, $($□$)$, $($□$)$.

解　与式を変形して $(m+1)(n-1)=2$ となるので

$$\begin{cases} m+1=1 \\ n-1=2 \end{cases},\ \begin{cases} m+1=2 \\ n-1=1 \end{cases},\ \begin{cases} m+1=-1 \\ n-1=-2 \end{cases},\ \begin{cases} m+1=-2 \\ n-1=-1 \end{cases}$$

より $(m,\ n)=(\mathbf{0},\ \mathbf{3})$, $(\mathbf{1},\ \mathbf{2})$, $(\mathbf{-2},\ \mathbf{-1})$, $(\mathbf{-3},\ \mathbf{0})$

補充 6　2 進法など　★★

2 進法で表された数 $a_Na_{N-1}\cdots a_2a_1a_0.\ b_1b_2b_3\cdots$ を 10 進法で表すと

$$a_N\cdot 2^N+a_{N-1}\cdot 2^{N-1}+\cdots+a_2\cdot 2^2+a_1\cdot 2^1+a_0$$
$$+b_1\cdot\frac{1}{2}+b_2\cdot\frac{1}{2^2}+b_3\cdot\frac{1}{2^3}+\cdots$$

となる．ただし，a_0，a_1，…，b_1，b_2，… は，それぞれ 0 または 1 である．

COMMENT 10 進法で表された自然数を 2 進法で表すには，2 で割った余りを順に書き並べればよい．

注意 一般に，n 進法についても，10 進法や 2 進法と同様に考えることができる．

例 (1) 2 進法で表された数 $11011.101_{(2)}$ を 10 進法で表すと［　　］である．

(2) 10 進法で表された数 23 を 2 進法で表すと［　　］$_{(2)}$ である．

(3) 次の 2 進法で表された数の掛け算をせよ．

$111_{(2)}\times 110_{(2)}=$［　　］$_{(2)}$

解 (1) $11011.101=2^4+2^3+2+1+\dfrac{1}{2}+\dfrac{1}{2^3}=\mathbf{27.625}$

(2)

```
2) 23   余り
2) 11  …1
2)  5  …1
2)  2  …1
    1  …0
```

より **10111**

(3)

```
     111
×    110
    1110
    111
  101010
```

より **101010**

正規分布表

次の表は，標準正規分布の分布曲線における右図の灰色部分の面積の値をまとめたものである．

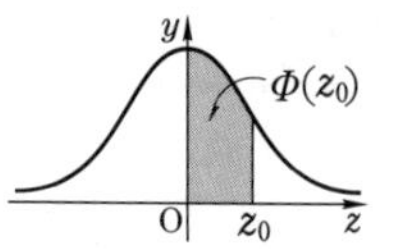

z_0	**0.00**	**0.01**	**0.02**	**0.03**	**0.04**
0.0	0.0000	0.0040	0.0080	0.0120	0.0160
0.1	0.0398	0.0438	0.0478	0.0517	0.0557
0.2	0.0793	0.0832	0.0871	0.0910	0.0948
0.3	0.1179	0.1217	0.1255	0.1293	0.1331
0.4	0.1554	0.1591	0.1628	0.1664	0.1700
0.5	0.1915	0.1950	0.1985	0.2019	0.2054
0.6	0.2257	0.2291	0.2324	0.2357	0.2389
0.7	0.2580	0.2611	0.2642	0.2673	0.2704
0.8	0.2881	0.2910	0.2939	0.2967	0.2995
0.9	0.3159	0.3186	0.3212	0.3238	0.3264
1.0	0.3413	0.3438	0.3461	0.3485	0.3508
1.1	0.3643	0.3665	0.3686	0.3708	0.3729
1.2	0.3849	0.3869	0.3888	0.3907	0.3925
1.3	0.4032	0.4049	0.4066	0.4082	0.4099
1.4	0.4192	0.4207	0.4222	0.4236	0.4251
1.5	0.4332	0.4345	0.4357	0.4370	0.4382
1.6	0.4452	0.4463	0.4474	0.4484	0.4495
1.7	0.4554	0.4564	0.4573	0.4582	0.4591
1.8	0.4641	0.4649	0.4656	0.4664	0.4671
1.9	0.4713	0.4719	0.4726	0.4732	0.4738
2.0	0.4772	0.4778	0.4783	0.4788	0.4793
2.1	0.4821	0.4826	0.4830	0.4834	0.4838
2.2	0.4861	0.4864	0.4868	0.4871	0.4875
2.3	0.4893	0.4896	0.4898	0.4901	0.4904
2.4	0.4918	0.4920	0.4922	0.4925	0.4927
2.5	0.4938	0.4940	0.4941	0.4943	0.4945
2.6	0.4953	0.4955	0.4956	0.4957	0.4959
2.7	0.4965	0.4966	0.4967	0.4968	0.4969
2.8	0.4974	0.4975	0.4976	0.4977	0.4977
2.9	0.4981	0.4982	0.4982	0.4983	0.4984
3.0	0.4987	0.4987	0.4987	0.4988	0.4988

0.05	0.06	0.07	0.08	0.09
0.0199	0.0239	0.0279	0.0319	0.0359
0.0596	0.0636	0.0675	0.0714	0.0753
0.0987	0.1026	0.1064	0.1103	0.1141
0.1368	0.1406	0.1443	0.1480	0.1517
0.1736	0.1772	0.1808	0.1844	0.1879
0.2088	0.2123	0.2157	0.2190	0.2224
0.2422	0.2454	0.2486	0.2517	0.2549
0.2734	0.2764	0.2794	0.2823	0.2852
0.3023	0.3051	0.3078	0.3106	0.3133
0.3289	0.3315	0.3340	0.3365	0.3389
0.3531	0.3554	0.3577	0.3599	0.3621
0.3749	0.3770	0.3790	0.3810	0.3830
0.3944	0.3962	0.3980	0.3997	0.4015
0.4115	0.4131	0.4147	0.4162	0.4177
0.4265	0.4279	0.4292	0.4306	0.4319
0.4394	0.4406	0.4418	0.4429	0.4441
0.4505	0.4515	0.4525	0.4535	0.4545
0.4599	0.4608	0.4616	0.4625	0.4633
0.4678	0.4686	0.4693	0.4699	0.4706
0.4744	0.4750	0.4756	0.4761	0.4767
0.4798	0.4803	0.4808	0.4812	0.4817
0.4842	0.4846	0.4850	0.4854	0.4857
0.4878	0.4881	0.4884	0.4887	0.4890
0.4906	0.4909	0.4911	0.4913	0.4916
0.4929	0.4931	0.4932	0.4934	0.4936
0.4946	0.4948	0.4949	0.4951	0.4952
0.4960	0.4961	0.4962	0.4963	0.4964
0.4970	0.4971	0.4972	0.4973	0.4974
0.4978	0.4979	0.4979	0.4980	0.4981
0.4984	0.4985	0.4985	0.4986	0.4986
0.4989	0.4989	0.4989	0.4990	0.4990

さくいん

す

せ

そ

〔共通テスト必出数学公式 200［五訂版］〕 辻 良平，矢部 博　　S4c046